BUN さんといっしょに考える

# どうなってるの？
# 廃棄物処理法

長岡 文明 著

オレは お湯
わかしてるんだ！

これって
再利用…？

一般財団法人 日本環境衛生センター

# 「どうなってるの？廃棄物処理法」単行本化によせて

　「土日で入門、廃棄物処理法」を送り出して1年以上が過ぎた。おかげさまで自分で予期した以上の好評を得た。次なる要望として、「入門」からステップアップする人のための「初級、中級編」がある。しかし、実はこれに応ずるのはとても難しい。

　と言うのは、廃棄物処理法はとても範囲の広い法律なので、専門的になれば、その分自分が関係する分野が狭まってくる。だから、Aさんの中級編とBさんの中級編は違ったものとなってくる。市町村職員で一般廃棄物処理施設に従事している人の中級分野と産業廃棄物処理業の許可申請に携わっている人の中級分野とでは大きく違ってしまう。

　また、中級レベルに達した方で、しかも真面目に取り組んできた方ほど、廃棄物処理法に失望する人がいる。一生懸命に処理施設の許可の条件や処理業の基準等を学んできて、「これでいける」というところまで吟味したのに、最後に「それは　有価物では」という要因により、それまで培って来た理論構成が、根幹から覆されてしまうことがあるからだ。

　施設基準等について、ぎりぎりの線を行政と事業者で詰めてきてようやく日の目を見るかと思った矢先に「廃棄物は扱わないこととしました。基準が厳しくて。とてもめんどうくさくって。」と言ったケースである。人が行為を行うとき、例えば「物を燃やす」という場合、その物が廃棄物であるか有価物であるかは、本当は周辺の大多数の人には関係の無いことで、ただ、ただ「煙がきれいか、汚いか」が重要なことであるはずだ。廃棄物を燃やした時の煙はきれいでなければならないが、有価物を燃やした時の煙は汚くてもよい、などということはどう考えてもおかしい。

　極めて近視眼的見解なのかもしれないが、廃棄物処理法に携わっていくと、度々こういった事態に遭遇する。こういった現実の矛盾も織り混ぜて、より現実の問題に踏み込んだテーマで書いてみたのが、この「どうなってるの？廃棄物処理法」である。

　本書は、財団法人「日本環境衛生センター」刊行の月刊誌「生活と環境」の2004年10月号から05年9月号までに掲載されたものに若干手を加え、さらに数編のオリジナルを追加した。

　本文中の「みなっち」は、架空の人物ではあるが、モデルとなった山口実苗氏には実際に「どうなってるの？廃棄物処理法」の加筆、修正、編集にたいへんお世話になった。また「土日で入門」に引き続き、挿絵を描いていただいた中曽根氏、刊行にあたり多大なご労苦をおかけした「日本環境衛生センター」編集部の方々に改めて感謝の意を表する。

2005年11月　BUNさんこと長岡文明

## ＜改訂にあたって＞

　三訂版から10年を経て四訂版を出すこととなった。廃棄物処理法は、この10年ほどは以前ほどの大改正はないものの災害関係や水銀廃棄物、有害使用済機器等について、何回かの法令改正が行われている。また、プラ資源循環法等の新たな仕組みもスタートしてきた。今後も社会状況の変化により矛盾した記述のところがでてくるかもしれないが、それはお許しいただきたい。

　改訂版出版にあたってもご協力いただいた各位に感謝の意を表する。

2023年6月　BUNさんこと長岡文明

# 目　次

## BUNさんといっしょに考える
## どうなってるの？廃棄物処理法

# 「どうなってるの？廃棄物処理法」使用上の注意

## 1. 使用上の注意

　この本は、扱い方によってはとても危険性を伴う。単に「はじめに」などと称して書くと、往々にして読み飛ばされてしまう。そこで、「使用上の注意」と題してみた。

　と言うのは、この「どうなってるの？廃棄物処理法」で取り上げたテーマは、必ずしも定説とまではなっておらず、また、その事案が起きた周囲の要因により、違う結論となる可能性も秘めているからである。だから、この「使用上の注意」は是非、最初に読んでいただきたい。

　「土日で入門、廃棄物処理法」で入門はしたはずなのに、さらに、廃棄物処理法も熟読したはずなのに、現実におきる廃棄物がらみの諸問題にはどう対処してよいのかわからない、と言う方も多いのではないか。それは、自動車の運転と同じで、いくら教科書で「ハンドルはこれで、方向を変える装置。エンジンプラグはこれで、ガソリンに点火する装置。」と学んでも、実際の車の運転ではほとんど役にたたないのと似ている。物事は最低の知識を身につけたら、実際の問題に触れてみることにより初めて本当の知識となり、身につくものだと思う。

　そこで、「どうなってるの？廃棄物処理法」では、現実によく質問される事案を例にして、いかに法律の条文を当てはめているか、どのように対処していったらいいのかを書いてみた。

　廃棄物処理法は運用が難しく、実際の問題にあたっての法解釈はその問題の数だけあると言っても過言ではないほどだ。だから、ある事象に突っ込んで解説して行くと、別の事象では間違った運用をされ、法違反を問われかねない場合も想定される。定説となっていない解釈も多いが、それを棚上げにしていたのでは現実の問題は解決に進まない。

　そこで、「土日で入門、廃棄物処理法」のような断定的な論述口調での記述は避けて、対話形式で踏み込んだ解説を試みた。文章自体は剽軽な表現では有るが、内容はなかなか難しいポイントを含んでいて、また、実際の疑義応答が行われた事案を題材としていることから、奥深くかなりの難度であると思っている。現実に廃棄物処理法関連では、年間に何件も裁判が行われており、事案によっては最高裁まで行き、新たな法律の解釈が出されているものもある。

　本文中でも度々記述しているが、こういった難しい問題に実際に直面したら、運用にあたってはくれぐれも担当する行政窓口等で確認のうえ実行に移していただきたい。

## 2. なぜ、廃棄物処理法はわかりにくいか

### (1) 廃棄物の分類が系統立っていない

　例えば、産業廃棄物に「汚泥」と「動植物性残渣」という種類が有る。汚泥の定義は「泥状を呈している不要物」である。動植物性残渣は「動物又は植物に係る固形状の不要物」である。文章表現上は違うが、現実には動植物性残渣は腐敗して行き、いずれ「どろどろ」の状態になっていく。

通常物事を分類する時は「1. 2. 3はAグループ」「4. 5. 6はBグループ」のように、重複せず、かつ、抜け落ちることなく分類するのが普通であるが、廃棄物の分類は「1. 2. 3はAグループ」「赤、青、黄色はBグループ」のようにしているため、「赤くて1の物質はどのグループか？」などとなってしまっている。

産業廃棄物だけで20種類、これに一般廃棄物の「ごみ」「し尿」といった分類、「生活系」「事業系」の分類、さらに「特別管理」という概念があるために非常にわかりにくくなっている。

(2) レベルの違う議論が同時に展開される

「土日で入門、廃棄物処理法」や他の解説集においても、廃棄物処理法における階層分けを次のように説明している（図1）。

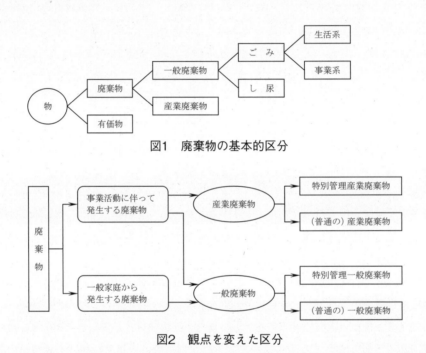

図1　廃棄物の基本的区分

図2　観点を変えた区分

階層として、まず「有価物と廃棄物」の別、「一廃と産廃」の別、「普通物と特別管理物」の別…等となる（図2）。しかし、現実の問題として、折角「産廃ならどんな分類になるものか？」を吟味している時に「市況の変動で売買の対象となった」となった途端に、「産廃の分類」のレベルを飛び越して、廃棄物処理法が適用にすらならない世界に入ってしまう。

同様のことであるが「物の有害性」を議論している時に、「有価性」が出されるとそこで議論はストップしてしまう。

「この汚泥はカドミウムが基準以上に含まれていて、とてもこの処理ルートで扱うことは…」と検討している時に「その物質はカドミウムの含有率がとても高いので有価で取り引きされてますよ。」と言われると、廃棄物処理法では議論の余地がなくなるということである。

## (3) 条文の構成

　急激な社会変革により、世間の要請があったためとは思われるが、改正と追加を繰り返したために、廃棄物処理法は非常に枝番条文が多い。

　また、「準用」が多い。特に産業廃棄物関係は、一般廃棄物より後の条文になっていることから、一般廃棄物で規定した条文を準用しているものが多く、法律の素人にとっては条文を発見することすら困難になっている。

## (4) 法の表現では読み切れない運用がある。

　どのような法律も同様であるとは思うが、実際の運用は法律だけではカバーしきれずに、法律を受けた政令、省令が規定されている。また、「運用通知」と言われるものも省庁からは出されている。廃棄物処理法に関しては、この「通知」による運用がとても多く、かつ、その運用だけを見ると「なんでこのやり方が法律のこの条文を根拠にしているの？」と思われることや、極端な例では、「全く法律の規定にはないが、社会通念上、歴史的経過からこのように運用している」などということがある。このレベルになると、有職故実、徒弟制度の世界になってしまうが、廃棄物処理の分野では、結構システムの根幹をなすところでそのような運用がなされている部分も少なくない。

## 3. 各編のねらいと相関関係

　各編ごと編末に「まとめノート」がついている。これは月刊誌の時点でも付けていたものであり、これにより、その編で適用になる条文や運用通知を紹介した。月刊誌では言い切れなかったことや、各編が他の編とどのように関係をもっているかを以下に述べる。

### 第1章　混在物・総体物

　入門者は、有価物と廃棄物の別、一般廃棄物と産業廃棄物の別、そして産業廃棄物の種類をまずは覚えたことと思う。しかし、現実に排出される廃棄物はとてもこの区分だけでは判断がつかない。この区分だけを覚えていてもほとんど役に立たない。

　それは廃棄物が廃棄物である大きな要因の一つとして、「純粋」「単品」ではないからだ。

　純粋、単品であればおそらくほとんどの「物」が有価物として流通することになろう。有価物として流通しないのは、いろんな「物」が混じってしまい、分別や取扱いに労力を要してしまうからこそ「廃棄物」なのである。

　実際問題として、「いろんな物が混じってしまっている状態」をどのように考え、どのように取扱ってよいかを解説したのがこの「混在物・総体物」である。

　この「混在物・総体物」の概念は、廃棄物処理全てに関わりをもつこととなるが、特に「処理業の許可」、「処理施設設置許可」、「資格」等に直接関連が出てくる。

## 第2章　手選別と中間処理

次に疑問に思うのが、処理「業」の線引きのことである。

「業」を営むのに「許可」が必要であるということは理解できるのであるが、それはどのレベルから「許可」が必要であり、どういったレベルであれば「許可」は取得できるのであろうか。

廃棄物処理法では、許可のハード（施設、機材等）要件としては「的確に、継続して行うに足りるものとして省令で定める」とあるが、省令の規定でも「どの程度のレベル」まで要求されるかはわからない。このことから、業許可の概念を説明してみた。

## 第3章　ジュースの破砕？

第2章に引き続き「業」の概念をもっと探求したのが、この「ジュースの破砕？」である。廃棄物の処理は「安全化・安定化・減量化」という3原則のうち、最低でもどれか一つがなされていなければ「処理したとは言わない」。ところが、ある一つの「物」に注目した場合、外観上は全くこの3原則に則っていないように思われる時がある。このような時の一つ考え方のプロセスを示してみた。

この「ジュースの破砕？」は第1章の「混在物・総体物」、第2章「手選別と中間処理」の概念も必要となる、かなりの応用編である。

## 第4章　木くずボイラーは廃棄物焼却炉？

廃棄物処理法の解釈を推し進めるうちに、迷路に入り込んだような、鶏が先か卵が先かのような議論になり、本末転倒して大きな落とし穴に入り込む時がある。その「落とし穴」の最大のものが「自ら利用」である。

「廃棄物」の定義は、現在は「総合判断説」を採用しており、必ずしも金のやりとりだけで決定されるものではないが、少なくとも「廃棄物の処理料金」が伴う場合は明確となる。

主人公と相手、さらに第三者が存在している場合のやりとりには、金のやりとりが伴うことから判断し易いが、自己完結の場合、なかなか判断がつきにくい。

現実の事案としても、特に提示されることの多い、「焼却」と「埋立」を取り上げ解説した。

これは「廃棄物なら基準が厳しく、有価物になると基準が甘い」という現実の矛盾についても触れてみた。

## 第5章　処理施設

設置にあたって許可の必要な施設については「土日で入門、廃棄物処理法」で紹介したが、おなじ「食品残渣」を原料とする堆肥化施設の場合は、産業廃棄物である場合は許可が不要であるが、一般廃棄物である場合は許可が必要となる。これを例として「処理施設の種類」「能力の考え方」等のおさらいをした。

## 第6章　墓石ポイ！

「入門」を卒業し、中級の入り口あたりで陥り易いもう一つの「落とし穴」が、個々の疑義解釈に足をすくわれることである。

ある程度疑義解釈等を読み、勉強を深めてくる時期に、「木を見て森を見ず」の状態になる時がある。

それが「墓石の廃棄」であり「動物霊園」である。これらはあまりに具体的な名詞が出てくることから、これら特有の事案と思い込みがちである。確かに、廃棄物処理法の事案は個々のケースで検討しなければならないことも多いが、できる限り統一的な理論構成は必要である。「有価性」、逆方向から見れば「廃棄物とはなにか」ということを改めて確認する。この「有価性」という点では「第4章　木くずボイラーは廃棄物焼却炉？」や「第7章　剪定枝と落ち葉は？」とも関連をもつ。

また、廃棄物処理法ばかりに目を奪われていると、どうしても解決できない現実の事案にぶつかることがある。それらは廃棄物処理法の「特別法」に位置する他法令である。簡単ではあるが、この「特別法」の考え方にも触れてみた。


## 第7章　剪定枝と落ち葉は？

廃棄物処理法自体を分かりにくいものにしている原因の一つが「事業系一般廃棄物」である。

単に「事務所から排出される紙くず」程度は「入門」で卒業しているはずなので、今回はランクを上げ、次につながるテーマとして、実際にも問題になっている「剪定枝」「落ち葉」を取り上げ、その境界線を解説してみた。また、「清掃に伴う廃棄物」の考えも紹介してみた。


## 第8章　メンテナンス廃棄物

廃棄物処理法において、「排出者は誰か」は非常に大きな問題である。建設廃棄物において「原則、排出者は元請業者」としていることや、「清掃」行為が伴った場合の排出者は判断が難しいケースが出てくることを紹介し、「第7章　剪定枝と落ち葉は？」のテーマを引き継ぐ形で「排出者は誰か」をテーマに「解体廃棄物」「清掃廃棄物」「下取り廃棄物」の概念を解説してみた。


## 第9章　一廃リサイクル許可

一般廃棄物は、その処理責任を市町村と位置付けていることから、処理業の許可において産業廃棄物処理業許可にはないハードルが設定されている。「土日で入門」でもだいぶ突っ込んで書いたところではあるが、その問題点をより明瞭化するために、一般廃棄物のリサイクルを民間で「業」として行うことを想定して述べてみた。


## 第10章　許可不要制度

廃棄物処理法を覚えるきっかけとして、入り易いのが産業廃棄物処理業の許可である。「土日で入門、廃棄物処理法」においても、まずは「どういう場合にどのような許可が必要か」から

入って行った。許可制度を学ぶことにより、廃棄物の区分、産業廃棄物の種類、「処理」、「業」の概念が理解できたと思う。本書でも、特に「手選別と中間処理」「ジュースの破砕」「メンテナンス廃棄物」「一廃リサイクル許可」では「許可」というものを詳細に見てきた。

こういった基礎知識を確実にした上での話となるが、廃棄物処理法では「許可不要制度」を規定している。しかも、その制度は一つだけでなく、様々なところで規定している。

ここでもその全てについて記載することは、困難であることから、許可について規定した条文の「ただし書き」で規定した事項を中心に紹介してみた。

この章は相当の応用問題であり、ある程度「許可」について理解した人にとっては、原則を振り返る復習になるかとは思うが、くれぐれも前述の章を分かった上で読んでいただきたい。

### 第11章 資格

廃棄物処理に関しては、必要となる資格が種々規定してある。処理施設技術管理者、特別管理産業廃棄物管理責任者等、廃棄物処理法の場合、その多くが学歴と実務経験との組み合わせ、講習会受講で得られ、国家試験によるものは無い。このような各種の資格の紹介とその問題点などを取り上げた。

「第2章　手選別と中間処理」などの「処理業許可」や「第5章　処理施設」と関連がある。

### 第12章　廃棄物処理業界からの暴力団排除

近年の廃棄物処理法の改正は、「いかに悪徳業者を追放するか」に重点がおかれている。「欠格要件」も改正の度に厳しくされ、また、逆に優良な業者については一定の優遇措置もとられてきている。弁護士会において、この問題に取り組んでいることから、専門家の見解も紹介し、取り上げてみた。

### 第13章　廃棄物の全体像

廃棄物処理法の個々の条文や、疑義照会に出てくるようなレアケースばかりを取扱っていると、廃棄物を取り巻く全体像を見失う時がある。個々の条文を離れ、日本全国の廃棄物がどのような量、どのような種類で、それはどのように処理されているか。このような数字を見るときには、どのような視点で見るべきかを鳥瞰図のように紹介してみた。

挿入画　中曽根由かり

# 第1章

# 混在物・総体物

| 見出し | 1 混在物は順列組み合わせの数だけ… |
| --- | --- |
| | 2 総体物？ |
| | 3 廃棄物と有価物の混在物は？ |
| | 4 一般廃棄物と産業廃棄物の混在物の取扱いは |
| | 5 混在物なの？総体物なの？その決め方って？ |
| | 6 総体廃棄物の中の有価物拾集 |

「土日で入門、廃棄物処理法」の中に「混在物」についてちょっとだけ書かれていますが、現実問題としてこの「混在物」とはどのような物があり、何を基準として判断したらいいのでしょうか？

〔みなっち〕 そうそう、有価物と廃棄物の説明のところで、「汚泥の中にダイヤモンドを入れたら」って例示で書いてた「混在物」ね。実際、廃棄物処理を担当している人にとっては頭を悩ますところよね。「土日で入門」じゃ書ききれなかったあたり具体的に示してみて。

〔BUNさん〕 (^-^)/はいはい、早速ご質問いただきありがとうございます。ただ、廃棄物かどうかって判断は「土日で入門、廃棄物処理法」の22頁に書いたとおり「総合判断説」をとってまして、そのケース、そのケースで違う結論になってしまう時が多い。なかなか定説が無い分野なんですよ。でもまぁ、現実に日々こういう問題と直面している人も少なくない訳なんで、「ほぼ確か」ってところで説明しましょうかねぇ。まず、一言で「混在物」と言っても相当の組合せがある。

## 1 混在物は順列組合せの数だけ…

〔みなっち〕 「組合せ」って言うと廃プラスチック類と金属くずの組合せっていうようなもの？

〔BUNさん〕 そうだね。まぁ、「廃プラスチック類と金属くず」なら、事業活動を伴っていればどちらも産業廃棄物なんでまだ取扱いはし易い組合せといっていいね。「混在物」って言う位だから様々なものが混在するってことになる。その組合せはいろんな分類の物が

混在している可能性がある。

〔みなっち〕 いろんな分類の組合せって、たとえばどんな？

〔BUNさん〕 まず、物は有価物と廃棄物に分かれるよね。と言うことは「有価物と廃棄物」の混在物が考えられる。次に、廃棄物は一般廃棄物と産業廃棄物に分かれる。と言うことは「一般廃棄物と産業廃棄物」の混在物が考えられる。順次このように分類ごとに考えて行くと「特管物と普通物」の混在物なんかもある。

　産業廃棄物同士の中でも最初にみなっちが言ったように「廃プラスチック類と金属くず」の混在物のようになる。産業廃棄物は20種類あるから、産廃2種類同士の組合せでも、高校生のとき習った「順列組合せ」のように、19×18×17×16×……と言うようになる。

〔みなっち〕 ちょっと待って待って！

　「順列組合せ」っていうのもはるか昔に習ったことなんで忘れちゃった。ええっと、どういうことだっけ？

〔BUNさん〕 例えば廃プラスチック類との組合せで考えれば「廃プラスチック類と金属くず」「廃プラスチック類と木くず」「廃プラスチック類と汚泥」…、次に「金属くずと木くず」「金属くずと汚泥」…となる訳さ。まぁ、もっとも現実的には有り得ない組合せもあるけどね。「廃酸と廃アルカリ」とかね。

　普通の産業廃棄物でもこの組合せになる訳だけど、当然「一般廃棄物である紙くず」と「産業廃棄物である廃プラスチック類」の混在物なんていう組合せもあるし、「特管産廃である廃油」と「普通の産業廃棄物である廃プラスチック類」の混在物なんていう組合せもある。だから、極端な話、廃棄物の混在物は無限に有ると言ってもいい。

〔みなっち〕 はぁ～、じゃ一律のルールって言うのも難しいって感じがするわね。で、この「混在物」で問題になる点っていうのはどんなこと？

## 2 総体物？

〔BUNさん〕 いくつかあるね。でもそのまえに「総体物」ってこと話しておこうかな。

　「混在物」を論ずるときに一つ重要な概念があるんだけど、それは「総体なになに」ってことなんだ。これは、「いろんなものが混在はしているのは分かるけど全体としてなになにとしましょ。」「全体としてはなになにって見てもいいよね。」って考え方。

　例えば「汚泥1㎥の中に一滴の廃油がこぼれて入ってしまった。」。この物体は、その一滴の廃油が入ったところを見ていた人にとっては「汚泥に廃油が入った」って分かるけど、後でその「物」を見せられた人は「汚泥」と判断してしまう。

　また、解体木くずが山積みになっていたとして、その木くずに一本二本の釘がささっていたとする。厳密に言えばその「山」は「木くずと金属くず」なのかもしれないけど、それは「全体として木くずとみなしてもいいんじゃないか」となる。このような「物」を「総体木くず」のように呼ぶときがある。

〔みなっち〕「総体物」ね。厳密に細かく見ればいろんな物が混じっているかもしれないけど、全体としては「一つの物」として判断してもいい物ってとこかしら。じゃ、改めて「混在物」で問題になる点っていうのを説明して。

## 3　廃棄物と有価物の混在物は？

〔BUNさん〕　まず、「廃棄物」なのか「有価物」なのかってことがある。例に出した「汚泥の中のダイヤモンド」なんかは拾い上げられるから混然一体じゃないけど、まぁやる人はいないだろうけど、これを「コンクリートで固めてしまった」なんていう状態では「総体」として判断せざるを得ない。すると、汚泥の量が多くて処理に500万円かかり一方ダイヤモンドの価値は200万円ってことなら、「総体廃棄物」ってことになるよね。

逆に汚泥の量は少なくて処理に100万円しかかからず、ダイヤモンドの価値が400万円なら「総体有価物」ってことになる。

実際の疑義応答では「被覆電線」がある。電線としての用途がなくなったけど、被覆電線の芯の部分に有る「銅」は価値がある。一方、「被覆」のビニールは処理に金がかかる「廃棄物」。じゃ「被覆電線」としては廃棄物なのか有価物なのか？って疑義。

もし、これが「総体有価物」と判断されるなら他人の物を収集運搬しても許可は要らない。でも、「総体廃棄物」と判断されれば許可は必要。また、「総体物」とは判断せず、「銅は確かに有価物であるけど、被覆の部分は廃棄物なんだから、被覆の部分を運ぶなら廃棄物処理業の許可は必要」との理論になれば、「被覆電線」を運ぶ行為は許可が必要ってことになるね。この「被覆電線」の疑義の解釈としては、「総体として有価物なら許可は不要」という回答だった。すなわち「被覆電線」は「総体物」として判断された訳だね。

このように、許可が必要か不要かを判断するにも「分別可能な混在物」か「混然一体となって分別不可能な混在物」かってことが影響してくる。老婆心ながら追加で説明すれば、「被覆電線」だからこそ「総体物」として「有価物」と判断した訳だけど、被覆電線に手を加えて、被覆のビニールと電線の銅にした後では「総体として」とは言わなくなるからね。

〔みなっち〕　ふ〜ん。まず、「廃棄物」なのか「有価物」なのかってことね。次は？

## 4　一般廃棄物と産業廃棄物の混在物の取扱いは

〔BUNさん〕　次は、「一般廃棄物の許可」と「産業廃棄物の許可」ってことかな。一般廃棄物処理業の許可は市町村長、産業廃棄物処理業の許可は都道府県知事ってことで許可権限者が違う。だから、一般廃棄物の許可を持っていても、産業廃棄物は扱えないってことになる。もし、産業廃棄物の許可は持ってるけど、一般廃棄物の許可は持っていないって人が「一般廃棄物と産業廃棄物の混合物」を取り扱った場合は、「一般廃棄物の無許可」を問われかねない。

　一方「総体産業廃棄物」と判断されるような物ならば、産廃の許可さえ持っていれば違反を問われることはない。

〔みなっち〕　具体的にはどんなものがある？

〔BUNさん〕　包装剤や衣服なんかこの例に該当する時多いんじゃないかなぁ。「大方はプラスチックが材料なんだけど、ちょっとだけ、紙や天然繊維が入っている」なんて製品が廃棄物になって出てくる時だね。紙くずや繊維くずは業種指定がある産廃だね。だから、指定業種から出た時以外は、一般廃棄物、いわゆる事業系一廃になってしまう。一方、廃プラスチック類は業種指定が無いからどのような業種から出ても産廃になるね。

　例えば機械製品の製造業なんかから、ポリエステルと麻の混紡の作業着が廃棄されたとする。ポリエステルは産廃、麻は一廃となってしまうね。でも、混紡の「布」なんて、天然繊維と合成繊維を分別しろって言われても、通常のやり方じゃ分別不可能。これは間違いなく混然一体と判断される。

〔みなっち〕　でもさぁ、いちいちそんなこと言ってたら、現実の廃棄物の処理なんてできないじゃない。「混在物」と見なすか「総体物」と見なすかの基準ってあるの？

## 5　混在物なの？総体物なの？その決め方って？

〔BUNさん〕　極論すれば「無い」。でも、一部示されている物もある。例えば、「汚泥に廃油がどの程度入った時は汚泥と廃油の混合物か」という趣旨の疑義に対して、「5％以上油分がある時は汚泥と廃油の混合物である。」との通知が有る。

〔みなっち〕　へぇ〜そんなに明解な通知があるんだったら簡単な話なんじゃないの？

〔BUNさん〕　ところが、この解釈通知は軌道修正されているんだなぁ。と言うのは、良心的な産廃業者なら「5％以上油分があるんだったらうちの会社は廃油の許可ありませんから取り扱えません。」となる。しかし、悪徳業者なら「汚泥をもうちょっと混ぜてください。5％未満になりますから、それなら汚泥だけで扱えますから。」となる。まぁ、これなんかは「悪徳」って言うレベルでもないかもね。

　ところが、もっと悪いやつがいて「じゃ、土砂に5％未満になるように廃油を混ぜたら、廃棄物じゃなくなるのか？土砂は廃棄物じゃない訳だから。」って論法を持ち出した。

　こんな理論が通れば、誰もまじめに産廃の処理なんかしなくなるよね。だって、なんでもかんでも土砂に5％未満になるように混ぜればそれで済む訳だから。

　そこで、国も改めて解釈通知を出した。平成4年の不法投棄にからんでの通知だけどね。

「不法投棄された「物」が油分5％未満なら不法投棄を問えないのか」って照会に対して、次のように回答している。これ重要だから、そのまま記載してみるね。

> 「油分を含むでい状物（以下「油でい」という。）について、油でいが排出された時点における廃棄物の処理及び清掃に関する法律上の取扱いを示したものであり、廃油に土砂を混合させることにより生じた混合物の油分が5％未満になったものを土砂として取扱うこととしたものではない。」

〔みなっち〕　ん〜、難しいわね。折角一つの目安を示したと思ったのに、それを悪用されたことにより「振り出しに戻る」みたいになっちゃったのね。

〔BUNさん〕　そうだね。だから、処理業者の立場で言ってみれば「排出者の段階で油分5％未満での排出形態」や「不可抗力での混合の結果、油分5％未満」であれば、「総体汚泥」として扱ってもいいのかもしれないけど、そうじゃない時はいくら「油分5％未満」であっても「汚泥と廃油の混合物」と解釈される場合も有り得るってことになるね。少なくとも「他の物品と単に混合した結果、油分5％未満となったから廃油の処理は終わりました。」なんて処理方法は無いってことだね。

　また、この「5％」って言うのもこの業界では「汚泥と廃油の混合物」に限っての目安ってことが定説になってるね。どんな組合せでも「5％未満」なら「総体物」、「5％以上」なら「混合物」ってことじゃない。例えばPCB部品を含む機械類なんかは、いくらPCB部品の比率が「5％未満」でも「総体物」とはしない。また、さっき言ったポリエステルと麻の混紡の廃棄衣類なんかは、もっと混在率が高くとも「総体物」として、扱ってるところもあると思う。

　でも、その比率を明確に言っちゃうとまた脱法的な行為が横行する可能性がある。だから、ケースバイケースとして扱うしかないってこともあるね。

〔みなっち〕　そうねぇ、気分としては良心的な業者さんには「やりやすいように」してあげたいけど、一方で悪徳業者には「厳密に」取扱いたいしね。

〔BUNさん〕　そうだね。でも、顔に「悪徳」って書いてくる訳じゃないからそこが難しいところなんだなぁ。事業内容を聞き取りして、的確な施設や能力があった場合は「総体物」としてあげたいところではあるけど、その理論で次に悪徳業者が来ないとは限らないし。

〔みなっち〕　あと、この「混合物」に関してなんかある？

## 6　総体廃棄物の中の有価物拾集

〔BUNさん〕「有価物拾集」って行為についてちょっと話していいかな。この「有価物拾集」って概念が定着するまでは、「総体廃棄物」はなにがなんでも排出者の意志のとおりのルートで行く必要が有った。今も原則はそうなんだけど。

〔みなっち〕　それってなぁに？今でも、収集運搬業者さんは、排出者が「ここに運んでね」と言ったら、それ以外のとこには運べないんじゃないの？

〔BUNさん〕　それはそのとおりなんだけど、「有価物拾集」って概念が平成10年頃の省令改正の時に導入された。それまでは、排出者が「廃棄物」として、「これをどこそこの処理施設に運んでね。」と言われたら、収集運搬業者は「これって価値があるもんだよなぁ。おれこれ欲しいなぁ。」と思っても引き抜くことはできなかった。すなわち「総体廃棄物」だった訳だね。

　ところが現実には、数多い廃棄物の中には価値のある「物」が混在している時はよくあること。まぁ、冒頭に出した「汚泥の中にダイヤモンド」なんて例は無いだろうけど、解体木くずの中にりっぱな大黒柱があった、とか、ガラスくずや金属くずの中にアルミの窓枠なんかが混在していることはままある。

　収集運搬業者の中で「積替保管」を許可の範疇に含む業者さんは、収集運搬の途中で受託した廃棄物を、処理施設の種類毎、例えば「これは焼却炉、こっちは埋立て」とか選別している時に「これ、まだ使えるなぁ。」っていう「物」がある。

　以前は建前上はこういった行為はして悪かった。「排出者がこの廃棄物はどこそこの処理施設に運んでね。」っていったら、いくら収集運搬業者が価値を認めても、その処理施設に運ばなければならなかった。

　ところが、平成10年頃の省令改正の時にマニフェストの運搬受託者の記載事項の中に次の事項が規定された。

> (運搬受託者の記載事項)
> 第八条の二十二　法第十二条の三第二項の環境省令で定める事項は、次のとおりとする。
> 三　積替え又は保管の場所において受託した産業廃棄物に混入している物（有償で譲渡できるものに限る。）の拾集を行つた場合には、拾集量

　この規定ができて、法律上も「全体として廃棄物であっても、その中にも有価物が混在している。」って事実を容認した形になった訳だね。

〔みなっち〕　ふぅ〜む。なんとも難しい世界ね。みなさんも判断に迷うような「物」を扱う場合は、必ず最寄りの行政窓口で確認してみてくださいね。じゃぁ、またね。(^_^)/~

まとめノート

## 第1章　混在物・総体物

1　混然一体として「分別不可能」な形で排出される「物」がある。

2　混然一体として「分別不可能」な形で排出される「物」が、全体として価値がある場合は「総体有価物」である。

3　混然一体ではなく、分別が可能な場合は、原則としてパーツ、パーツで考える。容易に分別が可能である場合は、あるパーツは有価物、あるパーツは廃棄物と判断される。（場合が多い）

4　廃棄物と廃棄物が混在している場合は、ケースバイケースで検討される場合が多い。

5　混在比率が少なく処理に支障が無い場合などは、「総体〇〇」として扱われる場合が多い。例えば「汚泥に5％未満で廃油が混在している状態」なら、「総体汚泥」と判断される場合がある。

6　逆に「汚泥に5％以上廃油が混在している状態」なら、「汚泥と廃油の混合物」と判断される。

7　「汚泥に5％未満で廃油が混在している状態」であっても、意図的に混ぜた場合などは「総体汚泥」とは判断されない場合がある。

8　混在の目安は全て「5％」という訳ではない。

9　廃棄物の「混在物」はいろんなパターンがある。
　　(1) 有価物と廃棄物の混在物
　　(2) 一般廃棄物と産業廃棄物の混在物
　　(3) 普通物と特管物の混在物
　　(4) 種類の違う産廃の混在物（「汚泥と廃油の混在物」等）

10　混在の状態を正しく判断しないと許可の範囲を逸脱してしまう危険が有る。
　　例えば産業廃棄物の許可しかないのに一般廃棄物を扱ってしまったなど。


&lt;関係条文&gt;

法第2条各項及びこれを受けた政省令　（廃棄物の定義）

法第7条…各項及びこれを受けた政省令　（一般廃棄物処理業許可）

法第12条の3第1項及びこれを受けた省令　（マニフェスト記載事項）

法第14条…各項及びこれを受けた政省令　（産業廃棄物処理業許可）

# 第2章

# 手選別と中間処理

質問　産業廃棄物の処理業の許可のことについて質問します。

処理業の許可は「収集運搬」と「処分」に分かれていますよね。私は収集運搬は「車で運ぶことだけ」しか、やっていけなくて、その他の行為は、いわゆる「中間処理」の許可をとらなくてはやっちゃいけないと思っていました。ところが、先日大きな重機（「ニブラ」って言うんですか？）を使って解体している行為を先輩は「手選別だから収集運搬の許可の範疇で、中間処理は不要」って言うんですよ。手選別と中間処理の境界ってどこに線引きしたらいいんですか？

〔BUNさん〕です。

(^-^)/こんにちは。ご質問いただきありがとうございます。「手選別と中間処理」も難しいんですよ。まず、「手選別」の説明から。

## 1　手選別って？

「手選別」と言うのは、本来、この文字のとおり「手でできる選別程度」ってことから出発してるんですねぇ。例えば、処理を委託された木くずの中にわずかにクギやトタンが混じっていたとしますね。木くずは焼却炉で焼却する予定だとすれば、クギやトタンは邪魔な訳ですから、これを拾い上げて別の場所に置いたとする。

ところが、この木くずとクギを選り分ける行為は「分別・選別」という行為であって、「収集運搬」という行為からは逸脱しているんじゃないか？って疑問が起きた訳です。

〔みなっち〕　言われてみればそのとおりですね。で、どうやって線引きしてるの？

〔BUNさん〕　そこで、廃棄物処理法ができた初期の段階でこのような疑義応答があるんですよ。まぁ、常識的に判断すればこの答のとおりでしょうねぇ。（注1　ただし、収集運搬

> 問　他人の産業廃棄物の分別・圧縮は処分業の許可の対象になるか？
> 答　中間処理の業の対象となる。ただし、処理業の許可を受けたものが当該許可に係る事業の一環として、＜簡単な手選別等＞を行う場合、当該手選別等は当該許可に係る事業の範疇に含まれるものと解する。

**2**

手選別と中間処理

の許可の範疇でも手選別を行うには、一旦どっかに荷物を置かなくちゃなんない訳ですから、「積替保管」の許可は必要です。）

〔みなっち〕　家庭でのごみ出しの際にやるように、手で「燃えるゴミ」、「燃えないゴミ」に分けるような、空き缶と空き瓶が混じっていたらそれをビンと缶に分けるようなことは、改めて許可を取るまでのことはないよってことね。そりゃまぁ当然という感じがするけど、これは何がそんなに問題になるの？

〔BUNさん〕　まず、1つ目として、「もし、許可が必要とされる行為なのに許可を得ないでやってたら無許可となる。」ってことかな。無許可は最高刑で懲役5年ですからねぇ。

　2つ目なんですけど「許可の要る行為と許可を受けられる要件とは違う」ってことなんです。

　3つ目として、「誰が処理委託契約を締結できるか」ってことがある。中間処理ならその行為から出る残渣物については中間処理業者が契約できるけど、手選別だとあくまで収集運搬の途中の行為にしかすぎないんで、これができない。そのため、契約書やマニフェストの関係が非常に繁雑になる。

> 平成16年の月刊誌連載時点では、「中間処理後の残渣物の排出者は中間処理業者である。」との見解の下に記述した。この見解は、昭和56年の疑義解釈通知に基づくものであったが、環境省は平成17年9月30日付け通知により、「中間処理後の残渣物の排出者は元々の排出者である。」との見解を明示した。このことから、単行本では「法第12条第5項により中間処理物の委託契約書については、中間処理業者が締結できる」という表現に変更した。

〔みなっち〕　1つ目は分りやすいけど2つ目、3つ目は分かんないなぁ。じゃぁ、順追って説明してくれる？みなっちは1つ目なんかは、許可要るんだったらみんな許可とっちゃえばいいのにって思うけどなぁ。

〔BUNさん〕　そうねぇ、許可を出す方の立場になれば、許可が出せるんなら許可出したいけどね。1つ目と2つ目は説明としては同じになるんで、まずこれからいきますか。

　例えば典型的な産廃の中間処理として「がれき類の破砕」という行為がある。これを例にしてみましょう。

## 2　許可の要る行為と許可を受けられる要件とは違う

〔みなっち〕　ビルを解体して発生した大きながれき類を細かく破砕して、再生骨材（砂利

の代わり）にして道路の下層路盤材としてリサイクルする方法ね。今は結構、普通に行われている産廃の処理ですよね。

〔BUNさん〕　そうそう、勉強してるじゃない。ビルの解体屋さんは、大きながれきを破砕施設に持込む訳ですね。そして処理料金を支払う。破砕施設の設置者はこの時、他人の産廃を破砕という中間処理を行う訳だから、中間処理業の許可が必要になる訳だ。

　ところが、通常はこういった破砕行為は「破砕施設」なる「施設」を所有している人がやるんだけど、例えば、極端な話として、設備投資する金が無いっていうんで、トンカチでがれきを破砕しようとしている人がいたとする。この人は産廃処理業の許可は要ると思いますか？

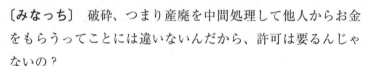

〔みなっち〕　破砕、つまり産廃を中間処理して他人からお金をもらうってことには違いないんだから、許可は要るんじゃないの？

〔BUNさん〕　そうね。じゃ、この人が「許可要るっていうなら申請するよ。許可くれよ。」とトンカチ1本を「施設・器具・機材」として許可申請したら処理業の許可を出せると思いますか？

〔みなっち〕　トンカチ1本での許可かぁ。なんか、ちゃちで処理を依頼する側としては、あぶなっかしい感じがするなぁ。そんなで許可していいの？って感じる。

〔BUNさん〕　そのとおり。

　廃棄物処理法でも「事業の用に供する施設がその事業を的確に、かつ、継続して行うに足りるものとして環境省令で定める基準に適合するものであること。」と規定していて、省令では「産業廃棄物の処分を業として行う場合には、その処分を業として行おうとする産業廃棄物の種類に応じ、当該産業廃棄物の処分に適する処理施設を有すること。」とある。

　いくら、がれきを破砕できるといっても、トンカチ1本では「事業を的確に、かつ、継続して行うに足りるもの」とは言えない。

　だから、これでわかっていただけると思うんですけど、「トンカチ1本でも他人から処理料金をとって処理していれば無許可となる。しかし、トンカチ1本では処理業の許可はとれない。」これが、「許可の要る行為と許可を受けられる要件とは違う」ってことなんです。

〔みなっち〕　なるほどねぇ。分かったような気がする。この件は後でまた聞くとして、3つ目の「誰が出した廃棄物か」なんてことは、たいした問題じゃないように思えるんですけど、これ説明してくれる？

## 3 処理委託契約を締結できるのは誰か

〔BUNさん〕 廃棄物処理法においては、「処理委託契約を締結できるのは誰か」ってことはとっても大きなことなんだよ。「土日で入門」にも書いてあったでしょ。たかが、紙一枚と言えども廃棄物処理法では、書面による委託契約書を締結していない場合は懲役刑もある事項だからねえ。

〔みなっち〕 ははぁ、ごめんなさい。勉強不足でした。それは認めるからもうちょっと詳しく解説してよ。

〔BUNさん〕 まず、中間処理後の残渣物なんだけど、これは中間処理を行った者、たいていは中間処理許可業者の場合が多いでしょうけど、その中間処理業者が委託契約を結ぶことができる訳だ。例を出してみよう。

Aは紙くずを1トン、Bは木くずを2トン、Cは繊維くず7トンを中間処理業者Zに処理委託して、Zはそれをまとめて焼却炉で燃やしたとしましょう。灰が0.5トン出たとしますね。この灰の委託は中間処理業者のZができる。だから、この灰の処理についてはZの判断で、Zは第三者と処理委託することができる。（注2 平成12年の改正で2次マニフェストについては、A、B、Cに確認の義務があります。）

ところが、収集運搬の手選別の場合は違う。Dから木くずと金属くずの混じった状態、Eからは紙くずと廃プラスチック類の混じった状態、Fからは廃プラスチック類と木くずの混じった状態で出されたとします。

運搬を委託されたYが、木くずと紙くずは焼却炉に持って行き、金属くずと廃プラスチック類は埋立地に持って行こうと、手選別したとしますね。手選別は中間処理じゃない訳ですから分けられてできた「木くずと紙くず」はあくまでもD、E、Fが排出者であり、「金属くずと廃プラスチック類」の排出者もD、E、Fである訳です。

だから、Dは「焼却はXへ、埋立はWへ運搬するように」、Eは「焼却はVへ、埋立はUへ運搬するように」との指示（委託契約）があれば、収集運搬業者であるYは「そのとおり」にしなくてはならない訳です。

〔みなっち〕 はぁ、折角分別したとしても、一括して同じ処理施設へ運搬することはできないってことになっちゃう訳かぁ。

〔BUNさん〕 廃棄物処理法では処理責任を明確にするために、委託契約は収集運搬については、「排出者と収集運搬業者」が直接、中間処理についても「排出者と中間処理業者」が直接に締結しなくてはならないことにしてる。収集運搬業者は、自分が委託された廃棄物をどこに運搬するかの裁量は許されていない。

だから、排出者が「焼却はXへ、埋立はWへ運搬するように」と指示（収集運搬委託契約）したら、その処理施設に運ばなくてはならない。「こっちの焼却炉の方が近いのになぁ。」とか「あそこが自分のいつもの取引先だから」とか言って、排出者の指示とは違う処理施設に運搬することは、委託契約違反となってしまうんですよ。

〔みなっち〕　はぁ、そりゃめんどうねぇ。

〔BUNさん〕　だから、収集運搬業者としては、ケースによっては、「手選別」として許可が不要と判断されるより、「中間処理」として位置付けてもらった方がいい、という場合も出てくるんだよ。

〔みなっち〕　なるほどねぇ、一概に「めんどうな許可は要らないよ」と言ってもらえば、それでいいってものじゃないものね。

　さて、じゃいよいよ、本論に入ってくれる？。「手選別と中間処理の境界ってどこ」ってことなんですが。

### 4　改めての許可は不要・・のポイント

〔BUNさん〕　先程の話に戻るけど、「収集運搬を委託された木くずの中にわずかにクギやトタンが混じっていて、クギやトタンを手で拾い上げて別の場所においたとする。」まぁ、これは原則どおりの手選別でしょう。しかし、「木くずにクギが打ち込まれていたので、バールや釘抜きを使ってクギを抜いて分別した。」「磁石を使って拾いだしした。」「電磁石を使う。」「選り分けしやすいように木くずを重機でのって砕いて電気磁石にかける。」「流れ作業でやりやすいように、ベルトコンベアーにのせて、何人かで一斉にクギを拾い集める。」「ベルトコンベアーの先端に大きな電磁石を設置する。」こうまでなると、「手選別」？って感じになる。(・_・？)

〔みなっち〕　確かに、いくら「手で選別する」といっても、りっぱな建屋の中でベルトコンベアーがあり、何人もの従業員が一斉に選別する状態を思い浮かべると、「改めて許可の要らない手選別」というよりは、「それなりの許可が必要」じゃないかって感じはしてくるわねぇ。

〔BUNさん〕　先程の通知でも、「処理業の許可を受けたものが当該許可に係る事業の一環として、簡単な手選別等を行う場合」は、「改めて許可は要らない」と言ってる訳ですよねぇ。ここにはいくつかのポイントがある。

　① 業の許可を受けたもの
　② 当該許可に係る事業の一環として
　③ 簡単な
　④ 手選別＜等＞

〔みなっち〕　またまた、めんどくさい話ねぇ。1つずつ説明してくれる？。

〔BUNさん〕　まず、「①処理業の許可を受けたもの」ってことですから、産業廃棄物のなんの許可も受けない人物は、手選別と言えどもこれには該当しないってことになりますねぇ。

だから、収集運搬や中間処理の許可を得ている人物のみが「改めて許可は要らない」手選別をできる「可能性がある」と言えます。まぁ、分りやすく言えば「収集運搬程度の許可はとれよ」ってことですね。

次に「②当該許可に係る事業の一環として」ってことですから、自分の許可と全く無関係の手選別はだめだってことですね。例えば、選別を行う場所に運び込むのがAで、選別を行うのがBで、選別が終了した物を搬出するのがCだとすれば、Bは独自に収集運搬の許可を持っていたとしても、とても「事業の一環として」とは言えないでしょうから、こういう形態はだめだってことになるでしょう。

次にいよいよ、質問者の質問に答えることになる「③簡単な」と「④手選別＜等＞」になります。

正直に言っちゃえば、これはもうケースバイケースです。どこまで、「簡単」であり、「等」とはどのような行為まで含むのか、などはケースやその条件が千差万別のため明確な定義ができないって言えます。

〔みなっち〕　そりゃ、困るわよ。それじゃ、質問に答えていないって！

## 5　実例からみた目安

〔BUNさん〕　じゃ、一般論として、今まで多くの県や市でやってきている実例を紹介しょう。誰が考えても明白な前述の「トンカチ1本」や「手だけ」って例は出してもしょうがないんで、境界線ぎりぎりってやつね。

まず、質問者が例示している「ニブラ」。これは、廃自動車の解体に伴う機材ですね。「機材」というより質問者の感覚どおり「施設・重機」って感じがします。重機のアームの先端に大きなハサミが付いていて、これで自動車の部品などをねじ切ります。これは、平成7年の「自動車事前選別ガイドライン」が出されたころから、「手選別の範疇」としてきているところが多いんじゃないかなぁ。

だから逆に言えば、重機の先端にアタッチメントを付ける程度の「機材」では、中間処理の許可は出さないって取扱っている県や政令市が多いと思う。前述のトンカチと同じレベルで「事業を的確に、かつ、継続して行うに足りるものとは言えない。」って判断ですね。

一方で、破砕については移動式であっても15条の処理施設の対象となっている位ですから、重機のアタッチメントじゃだめですけど、「粒度調製できるもの、一定能力以上（多くは5トン／日という施設設置許可要件を目安とし

ニブラです。

ている県が多いと思われる）」の施設であれば、もう「手選別」の範疇を超えて、中間処理と位置付けていますね。

　ところが、パッカー車は手選別の範疇としているところがほとんど。

〔みなっち〕　パッカー車っていうのは、ごみステーションからの収集でおなじみの車でしょ。ステーションにはあふれんばかりのごみの山ができてても、パッカー車が来て作業員の人がどんどん投げ込んであれよあれよというまに押し込んでいっちゃう。あれは見てると不思議よねぇ。よくあんなに多くのごみがあんな1台の車に入るもんだと思うもん。

〔BUNさん〕　あのパッカー車っていうのは、結構「圧縮」能力があるんだよ。もし、あれと同等の能力がある施設を固定の建屋の中に設置して、「これで圧縮の許可を取りたい」と申請されたら、中間処理の許可を出すと思うね。

　ところが、パッカー車に関しては、そういう能力があるんだけど、「改めて中間処理の許可をとりなさい」とは言わず、「収集運搬という許可に係る事業の一環として」と位置付けて、改めて中間処理の許可をとりなさいとはいっていないところが多いと思う。

　でも、一方で汚泥の脱水などは、いくら自動車に積載できるものであっても、中間処理と位置付け、手選別＜等＞の範疇ではない、としているところが多いようです。

　「収集運搬という許可に係る事業の一環として」運び易いような状態にしてって面もあるんですけど、脱水の場合は、脱離液が必ず伴うんでその処理が問題になる。そういうこともあり、収集運搬だけではだめで、改めて中間処理の許可も必要って位置付けてるところが多いようですね。

〔みなっち〕　ん～、なんかこの問題の本質ではないような、でも、廃棄物処理法という公衆衛生を目的としている一分野の問題という点からいえば、そういう取扱もありかなぁという、わかったようでわからない運用だなぁ。

　これで、質問者や読者のみなさんが納得してくれるかですが、廃棄物処理法の現実がそうなんだ、ということで説明してみましょう。じゃ、次回はもっと明確に説明できるよう勉強してきて下さいね。

〔BUNさん〕　(｀ε´)まったく、もう。みなっちもちょっとは廃棄物処理法勉強してよ。

　でも、もし、これを読んだ方で、「選別をしたい」って時は自分勝手に判断せずに、必ず行政の窓口に相談してくださいね。「手選別」って判断でやってたら無許可で捕まっちゃったなんてことのないようにね。～～(＾＾)/

まとめノート

# 第2章　手選別と中間処理

## 1　なぜ、手選別と中間処理の境界を分ける必要があるのか

(1) 許可が必要な行為なのに、許可を得ないでやったら無許可になる（罰則がかかる）。

(2) 手選別と中間処理では必要な要件が違う。

→　要件が整わなければ、許可を受けられないからその行為はできない。

(3) 委託契約ができるのは誰か。

→　中間処理に相当するなら、中間処理業者が契約できる。

→　収集運搬の手選別に相当するなら、元々の排出者が契約しなければならない。

## 2　手選別と中間処理の区分の原則

(1) 収集運搬の許可を持っている者が行う簡単な手選別等は、収集運搬の許可の事業の範疇と考えられ、改めて別個の許可は要らない。

(2)「主たる業務の一環」と見られない内容の「選別」なら、中間処理業の許可が必要。

## 3　改めての「選別」の許可が要らない「手選別」の目安

(1) 産業廃棄物処理業の許可を受けた者が行う時

→　産業廃棄物の何の許可も受けない人物は手選別といえどもできない。

(2) 許可に係る事業の一環として

→　自分の許可と全く無関係の手選別はだめ。

(3) 簡単な手選別等の判断の目安

(例)

① 重機の先端にアタッチメントを取り付ける程度の器材では、手選別（中間処理業の許可に該当しない）。

② 粒度調節できて、一定能力（5トン/日めやす）以上の施設は中間処理業（手選別の範疇を超える）。

③ パッカー車の圧縮は、能力的には中間処分業許可の範疇でも収集運搬の一環の位置付け。

④ 同じ車の収集運搬といえども、汚泥の脱水は中間処理と位置付け。

＜関係条文＞

法第12条第5項、第6項及びそれを受けた政省令　（委託契約書を締結できるのは誰か）

法第14条…及びそれを受けた政省令　（産業廃棄物処理業許可）

法第15条第1項…及びそれを受けた政省令　（産業廃棄物処理施設設置許可）

# 第3章

# ジュースの破砕？

産業廃棄物の処理業の許可のことについて質問します。「土日で入門、廃棄物処理法」の中で「廃棄物処理の3原則は安全化、安定化、減量化であり、この3つのうちどれにも該当しない行為は処理とは言わない」と言う下りがありましたよね。今回、「ペットボトルに入ったジュースの不良品をそのまま破砕機にかけたい」って相談があったんですけど、これはどのように考えたらいいんでしょうか。

〔みなっち〕　確かに、単純に考えれば「ジュースの破砕」ってことになると思うけど、ジュースは液体だしねぇ。破砕できるんかいなって気はするわねぇ。どうなんでしょうか？

〔BUNさん〕　です。(＾-＾)/こんにちは。はいはい、早速ご質問いただきありがとうございます。回答に先立って、まず質問の補足説明したいと思うんですけど、多分こんな状況じゃないかと思います。ジュース製造工場では不良品が出る。瓶詰の前の段階なら、そのまま廃棄するんでしょうけど、一旦ペットボトルに詰めた後で不良品となったり、返品になったり、賞味期限が切れたりして処理しなくちゃなんないって物が結構出るらしい。製品として消費される場合は、中身のジュースはなくなる訳なんでペットボトルだけの処理を考えればいいんですけど、こういった形態で排出される場合は、ペットボトルとジュースが一緒の状態になっている。ペットボトル詰めのジュースは当然ながら、そのままでは処理できないので、ペットボトルとジュースに分離しなくちゃなんない。

　商品として飲む場合はキャップをねじ開けたり、缶ジュースの場合はプルを引き上げたりして、ジュースを飲む訳だけど、不良品などを処理する時はいちいちキャップを開けるのはめんどくさい訳で、どうせペットボトルや缶は破砕するんだから、ジュースが入った

ままで破砕機にかけたいって状況の質問だと思う。

〔みなっち〕　なるほどねぇ。確かにジュースもペットボトルや缶と一緒に破砕機にかけられる状態になるわね。で、どうしてこのことがそんなに問題になるの？ペットボトルを砕くついでに、流れ出るジュースも処理しようってことでしょ。一石二鳥でいいことだらけじゃないの (・_・？)。

## 1　産廃の許可は品目毎に、処理の種類毎に

〔BUNさん〕　産業廃棄物処理業の許可は産廃の品目毎に、また、処理の種類毎にとらなくちゃなんないってことがあったよね。「土日で入門」にも書いてあるけど、例えば廃プラスチック類の収集運搬の許可を持っていたとしても、汚泥の収集運搬はできない。廃プラスチック類の焼却の許可を持ってたとしても、廃プラスチック類の破砕をやる時はまた別個に許可をとらなくちゃなんない。そうなると、ジュースはどんな品目に該当して、それを破砕機にかける行為はどんな「処理」に該当するのかってことが重要になる。万一、該当する許可を取らないでやって、「無許可」ってことになったら懲役刑まである条文だからねぇ。

〔みなっち〕　なるほど、そうだったわね。じゃぁ、今回の質問に出てくる「ペットボトルに入ったジュース」って20種類の産業廃棄物としては何に該当するの？

〔BUNさん〕　ペットボトルは廃プラスチック類、ジュースは普通に考えれば「廃酸廃アルカリ」だと思うね。ジュースの性状によって酸性なら廃酸、アルカリ性なら廃アルカリだと思う。

〔みなっち〕　丁度中性のpH7ならどうなの？

〔BUNさん〕　そういう細かいところは聞いちゃだめなの。一般的な廃棄物処理法での取扱いは、液体状の不要物は「廃酸廃アルカリ」って取扱ってるの。でも、本当にpH7.0なら別の品目例えば汚泥とか動植物性残渣とかにしちゃうだろうなぁ。なんの不純物も入っていないpH7.0の水ならそもそも「廃棄物じゃない」って言っちゃうかも。ついでに言うと液体ばかりじゃなくて、中に「つぶつぶ」の実も入っているなら、「廃酸廃アルカリ」と「動植物性残渣」の混合物ってことになるんだろうなぁ。

〔みなっち〕　ふぅ～ん、そんなものなの。じゃ、次のポイントとして「破砕機にかける行為」これが問題ね。どうなの？

## 2　液体を破砕できるの？

〔BUNさん〕　みなっちは「破砕」という行為は、なんのために行われる行為だと思う？

〔みなっち〕　普通は「安全化」や「安定化」じゃな

いわよね。やっぱり、しいて言うなら「減量化」かな。

〔BUNさん〕　そうだね。通常、なんのために破砕するかって言えば、減量化だね。がれき類にしても廃プラスチック類にしても金属くずにしても、破砕するのは空隙を減らしてみかけの体積を小さくするっていうのが目的。破砕にはそのほかに均等な大きさにして取扱いしやすくする（ハンドリングを良くする）って目的もあるね。

　でもまあ、破砕したからといって、性状的に安定したり、安全化したりする訳じゃないから、破砕の目的としてはやはり減量化だろうねぇ。ところが、ジュースは破砕機にかけることはできても破砕そのものは行われているとは言い難い。

〔みなっち〕　そうねぇ、液体の破砕って通常はあり得ないわね。

〔BUNさん〕　ところが、この業界では「あり得ない」ような許可もあり得る世界なんだ。

　例えば、「金属の焼却」って許可はあると思う？

〔みなっち〕　金属が燃えるはずないもん、ないでしょう？

〔BUNさん〕　これがあるんだなぁ。「血の付いた注射針」。これなんかは典型的例。そしてこの例では、廃棄物の処理の3原則のうちの「安全化」が達成されている。

　注射＜針＞という金属はなんら変化していないけど、それに付着した血液を焼却することにより、感染性の危険を無くしているから、これはもうりっぱな「廃棄物の処理」と言っていい。

〔みなっち〕　なるほどねぇ。確かに「金属はなんら変化してない」ってことだけじゃ判断はできないってことね。焼却炉の中を金属は通過しているしね。

〔BUNさん〕　ところがところが、次の例としてはどうだろう。解体して出て来た木くずに結構クギやボルトや丁番などが刺さっている。この「木くず＋金属くず」を焼却炉に投入する。この行為を行うとき、どういう許可を出せばいいと思う？

〔みなっち〕　「木くず＋金属くず」の焼却、って言っちゃいそう。

はぁ～、いつの間にか社会の常識を外れて、「金属の焼却」って許可が出ちゃいそうねぇ。

〔BUNさん〕　この「木くず＋金属くずを焼却炉に投入する」って行為に対する許可の出し方は、今でもそれぞれの自治体で見解が微妙に違っているところもある。それに、「程度問題」ってこともある。

　まぁ、このように「業の許可」については、「その物体、品目」だけに注目すると「安全化、安定化、減量化」の3原則に則らない方法も現実的にはあるってことなんだ。

　そこで、この3原則以外の亜流的な概念が出てきた。

## 3 選別は、安全化・安定化・減量化に該当しなくとも中間処理

〔みなっち〕　わかった。それは前回の＜手選別と中間処理＞でも話題になった「選別」じゃない。

〔BUNさん〕　ピンポーン。正解。

選別は選別することだけでリサイクルできたりすることもあるから、そういう時は減量化の一手法とも言えるだろうけど、処理方法ごと、例えば、管理型埋立地に埋め立てる物と、安定型埋立地に埋め立てる物とを分ける選別だったら、「減量化」とは言えないよね。ちっとも量は減っていないんだから。これから以降の処理をしやすくしている準備にしか過ぎない。

　でも、これを「業の許可」のどこに位置付けようかとなった時は、前回の＜手選別＞で説明したとおり、「収集運搬に付随する程度の手選別であれば収集運搬の許可の範疇で行える。」しかし、「付随しない選別は中間処理」であるとして取扱ってきている。すなわち、「選別」は「安全化、安定化、減量化」のどれにも該当しない場合でも、「中間処理」の範疇に入るってことだ。

〔みなっち〕　了解。あと、なにか考慮しなければならないポイントってあるの？

〔BUNさん〕　これは「手選別」の話の時も説明したけど、「誰が委託契約を結べるか」ってことがある。中間処理ならその行為から出る残渣物については中間処理業者が委託契約を結べるけど、「中間処理じゃない」と位置付けちゃうとあくまで収集運搬の途中の行為にしか過ぎないんで、「その行為」を行った後の物は最初の排出者が出した廃棄物ってことがついて回る。これは契約書やマニフェストの関係が非常に繁雑になる。

〔みなっち〕　あぁ～、例の問題ね。今回の質問を例にすれば、破砕機から出て来たペットボトルを破砕した廃プラスチック類は、中間処理業者が委託契約できるけど、「ジュースは中間処理してない」って位置付けちゃうと、出てくるジュースはあくまでも元々の排出者が委託契約を結ばなければならないってことがついて回るってことね。

〔BUNさん〕　そう。だから、元々の排出者にしても、中間処理業者にしてもこの「ジュースを破砕機にかける行為」は「特段、中間処理の許可は要りませんよ。」と言われるとかえって困るって状況もある。

〔みなっち〕　はぁ～、難しいものねぇ。でも、このポイントは前回の「手選別」の問題と同じね。じゃ、いよいよ、「ジュースの破砕」って質問の答えに入ってちょうだい。

## 4 破砕機を通過しても選別

〔BUNさん〕　原理原則を大きく崩すことはやっちゃいけないとは思うけど、この質問の場合は次のように考えたらどうだろう。

　◆ペットボトルについては「廃プラスチック類の破砕」って中間処理の許可が必要。

　◆中身のジュースについては「廃酸（廃アルカリ）の選別」って中間処理の許可が必要。

　実際、外形一体となってるペットボトルとジュースを選別している訳だからね。破砕機を通過するからと言って、必ずしも破砕が目的とは限らないって点を忘れちゃだめってことかな。でも、まぁ、この考えもあくまでも「一つの私見」にしか過ぎないけどね。

〔みなっち〕　うん、でも、なんとなく納まり着いたって感じはする。

　さっきの、焼却炉に木くずと一緒にクギやボルトも入る形態も、「金属」に注目して見るなら、素人から見れば、「焼却」って許可出されるよりは「選別」って許可の方がすっきりするわ。許可が要らないっていうのも、「それでいいのかなぁ」って感じるし。こんな要因をトータルで考えたとき、質問にあった「ジュースが入ったままのペットボトルを破砕機にかける」行為は、「廃プラスチック類の破砕」と「廃酸（廃アルカリ）の選別」って中間処理の許可が必要ってことね。これって相当の応用問題よね。難しいわねぇ。

〔BUNさん〕　そうだねぇ、この位の応用問題になるとケースバイケースって要因が大きくなるから、もし、これを読んで、「ジュースの破砕をしたい」って時は自分勝手に判断せずに、必ず行政の窓口に相談してくださいね。勝手に判断してやってたら無許可で捕まっちゃったなんてことのないようにね。〜〜( ^ ^ )/

まとめノート

## 第3章　ジュースの破砕？

(1) 産業廃棄物処理業の許可は産廃の種類毎、その処理の方法毎に必要。

(2) 産廃の種類は20種類。ペットボトルは廃プラスチック類、ジュースは「廃酸・アルカリ」に該当する。

(3) ペットボトルを破砕機にかけて切断、破砕する行為は中間処理のうち「破砕」

(4) 破砕機を通過するからといって、必ずしも「破砕」ってことにはならない。

(5) 廃棄物の処理は、安定化、安全化、減量化の3原則がある。このいずれかの効果がなければ、「廃棄物を処理した」とはならないが、「業の許可」という面では、「選別」という範疇がある。

※ 今回の例では、ジュースが入ったままのペットボトルを破砕機にかける行為は、「廃プラスチック類の破砕」と「廃酸（廃アルカリ）の選別」の中間処理の許可が必要

(6) 中間処理後に発生する残渣物は、中間処理した人が委託契約を結ぶことができる。

＜関係条文＞

法第2条各項及びこれを受けた政省令　（廃棄物の定義）

法第12条第5項、第6項及びそれを受けた政省令　（委託契約を締結できるのは誰か）

法第14条…及びそれを受けた政省令　（産業廃棄物処理業許可）

法第15条第1項…及びそれを受けた政省令　（産業廃棄物処理施設設置許可）

平成15年2月13日付け、環廃産第90-2号、環境省産廃課長から各都府県宛通知

# 第4章

## 木くずボイラーは廃棄物焼却炉？

| 見出し | 1 燃やす物が廃棄物でなければ焼却炉にならない<br>2 かかる経費が天と地ほども<br>3 有価物か廃棄物か<br>4 廃棄物の処理を兼ねた物の利用<br>5 「焼却」の時の判断 | 6 受け入れる施設によっても<br>7 なんのための規制 |
| --- | --- | --- |

質問

教えていただけませんか？「土日で入門」では答えが書いていなかった「製材所で設置する木くずボイラー」のことです。これは、廃棄物処理法の焼却施設には該当しないんでしょうか？

〔みなっち〕　と、言うことなんですけど、廃棄物処理法初心者のみなっちにはまず何が問題なのかが、わかんないんだけど、どうなんでしょうか？

## 1　燃やす物が廃棄物でなければ焼却炉にはならない

〔BUNさん〕　です。(^-^)/こんにちは。

　はいはい、早速ご質問いただきありがとうございます。「製材所で設置する木くずボイラー」は難しいんですよ。

　まず、根本的なことなんですけど、このボイラーで燃やしている「木くず」が廃棄物でなければ、そもそも、＜廃棄物処理法＞の適用は受けません。扱う＜物＞が廃棄物じゃないですから。そして、現実的な問題として、もし、廃棄物処理法の適用を受ける＜焼却施設＞となるのと、適用を受けない＜ボイラー＞となるのでは、かかる経費が天と地ほども違う、ってことがある訳です。

〔みなっち〕　と、言うと？

〔BUNさん〕　石炭や重油、灯油を燃料にしているボイラーは、物を燃やしているけど、燃料として「買ってきている」「価値のある」「商品である」＜物＞を使用している訳なんで、廃棄物処理法の適用は受けない。ある規模以上のボイラーのみが大気汚染防止法の規制を受けるだけなんですね。(注1)

　一方、廃棄物の焼却炉は廃棄物処理法の適用を受ける。（なお、この焼却炉も一定規模以上は大気汚染防止法の規制も受けます。）

　大きな違いは、単なるボイラーならダイオキシン類特別措置法の適用と廃棄物処理法の適用を受けないってことなんですね。「ボイラーはダイオキシン類の規制値が無い」んですよ。また、廃棄物処理法で規定する構造基準もかからない。

> （注1）
> もちろん、労働安全衛生法等の環境衛生以外の諸法令の適用はありますし、燃やした後に発生する「燃え殻、灰、ばいじん」などは廃棄物処理法の適用を受けます。

〔みなっち〕　はぁ～、ボイラーにはダイオキシン類の規制はかからないのかぁ。みなっちは、てっきり、物を燃やすものには全てダイオキシンの規制ってあるものだと思ってた。でも、規制値や構造基準がかからなかったら、何が違ってくるの？

## 2　かかる経費が天と地ほども

〔BUNさん〕　具体的には、廃棄物焼却炉なら、毎年、煙、ばいじん、灰の3点セットでダイオキシンを測定しなくちゃなんないんだけど、この経費がいくら安くなったといっても、数十万円位はかかっちゃう。

　廃棄物処理法で規定する構造基準というのは、ざっと言えば

　　① 800度以上で燃焼できる焼却炉本体
　　② 出てくる燃焼ガスを200度まで急冷できる冷却設備
　　③ 助燃装置
　　④ 高度なばいじん除去装置（通常はバグフィルターなど）

これを改めて改造して設置しようとすれば、何千万円から何億という金がかかる。だから、ボイラーとなるのか、廃棄物焼却炉となるのかで、設置者にとっては大きな違いが出てきちゃうってことになる訳だ。

〔みなっち〕　あぁ、だから設置者としては「うちはボイラーですよ。廃棄物の焼却炉じゃありませんよ。」っていいたい訳ね。やっとわかったわ。それを判断する有力な1つのポイントが、燃やしている「木くず」が廃棄物なのか、それとも石炭や石油と同じように価値のある有価物なのかってことにかかってるのね。

〔BUNさん〕　そのとおり。

〔みなっち〕　じゃ、復習も兼ねて、ちょっと回り道になるかもしれないけど、廃棄物、有価物のことから説明してくれる？。

## 3　有価物か廃棄物か

〔BUNさん〕　まず、初めにお断りしておきますけど、廃棄物処理法は、非常にグレーゾーンの広い法律なんですよ。様々な条件で違う結論になることがある。特に、こういった難

しい応用問題は、実際に直面したら、必ず担当の行政窓口に相談して下さいね。ここで、話すことはあくまでも「一つの考え方」って程度に捉えて下さい。

　さて、まず何が難しいかと言うと、廃棄物処理法での「廃棄物」の定義があいまいで、「総合判断説」で廃棄物か有価物かを決定するとしているからです。

〔みなっち〕　総合判断説って一言で言われちゃったら、初心者みなっちにはゼンゼン見当つかない。もう少し説明お願い！

〔BUNさん〕　それじゃ、まず廃棄物か有価物かを判別するのに一番分かりやすいのは、甲と乙が存在していて、甲が出す物を乙が金を出して買っている時で、かつ、この取引が社会的にも広く行われているような時。

　例としては、灯油はガソリンスタンドから、広く世間一般の人が買って来ている。だから、灯油は有価物である。また、ガソリンスタンドの汚水だめに溜まる汚泥は、ガソリンスタンドの方が金を出して、処理業者に引き取ってもらっている。だから、汚泥は廃棄物である。これはなぜ分かりやすいかと言うと、「金」を間に挟み、甲と乙という別の人物（人格）で物をやりとりしているから。

　ところが、自分が出した「物」を自分が再使用する時は「金」のやりとりがない。例えば、ガソリンスタンドでひと夏置いてしまった変質灯油があり、売り物にならなくなったとする。この変質灯油をガソリンスタンドの暖房用に燃やしていたとすれば、この行為は「売り物にならなくなった物を処分する、すなわち廃棄物の処理」なのか、「あくまでも暖房用に使っているのだから有価物の使用」なのか。

　金のやりとりにより判断することができない。これがまず困難要因の第1点目。

〔みなっち〕　なるほど。自分が出した物を自分で「なにかしちゃう」って時ね。

〔BUNさん〕　そうだね。前述の「変質灯油」の例でも分かるとおり、「物の利用」が「真の有価物としての利用」なのか、「主たる目的は廃棄物の処理」なのかという点が出てくる。

この「真の有価物としての利用」かってことを判断することが難しいのが困難要因第2点目。ちょっと例を出して説明しますね。

　小型の冷凍冷蔵庫があったとする。今まで普通に使っていたけど、冷凍が効かなくなった。でも、冷蔵の部分は壊れていない。この状態で、冷蔵庫として使用していたとすれば、それは「再利用」の範疇に入ると思うし、社会的にも認知されると思うんですね。ところが、冷蔵の部分も壊れた時に、この壊れた冷凍冷蔵庫（だった物）を漬物石がわりに使用することは「再利用」と言

これって再利用…？

うと思いますか。

〔みなっち〕　少なくても「冷蔵庫」としての価値はないとは思うけど、かと言って漬物石の代わりは果たしているとも思えるしねぇ。でも、それはなにも「こわれた冷蔵庫」である必要はないだろうなぁって感じはする。

### 4　廃棄物の処理を兼ねた物の利用

〔BUNさん〕　廃棄物処理法の有名な疑義にこんな内容のがあるんですよ。

　「窪地にがれき類を入れ、整地した者が「土地造成である」と主張する。この行為は、再利用なのか、それとも廃棄物の埋立て行為なのか。（または廃棄物の不法投棄なのか）」

　回答は「土地造成を兼ねた廃棄物の処理である。」である。

　考えてみれば、穴に「物」を入れて平地にするには「体積」さえあれば、なんでもいい訳ですよね。だから、「土地造成」を言い訳にすれば、世の中に「廃棄物の不法投棄」や「埋立地の許可という制度」は存在しなくなると極言してもいいくらいです。

〔みなっち〕　なるほど。「土地造成を兼ねた廃棄物の処理」かぁ。うまいこと言うもんねぇ。そう言われればそのとおりってとこねぇ。

〔BUNさん〕　ここでひとつ注意しなくちゃなんないポイントがある。「廃棄物で土地造成をしてはならない」とは言っていない。廃棄物で土地造成をするなら、廃棄物の埋立地の設置許可を受けてやりなさい、ということなんですよ。

　また、明確に「廃棄物でない物」を窪地に入れる行為は、当然「廃棄物の埋立」にはあたらない。例としては「自然土石」による場合ですね。

　また、最近では「再生骨材」と呼ばれる、粒度を整えた「がれきの破砕物」も「廃棄物の埋立」にはあたらない。これは、社会的にも「有価物」として流通している「物」であるからですね。

〔みなっち〕　ま、それは当然と言えば当然。たいていの住宅地はそのようにして造成してる訳だしね。たしか、みなっち家の2つめのマンションは「自然土石」で造成した上に建てたはずだし、海辺の別荘への取り付け道路は「再生骨材」で整備したわね。

〔BUNさん〕　みなっちって、すげぇ大富豪。まぁ、そんな法螺は置いておいてと…。

そこで、ここで1歩踏み込んで考える。土地造成において、土地造成を行う者（将来ともにその土地を使用する人物としよう）が、窪地を埋める際に「買ってもいいなぁ」と思う「物」とはどういう物か。

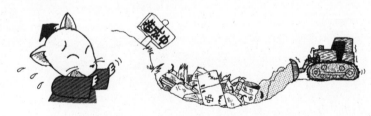

どろどろとした汚泥を＜買い＞ますか？

中に有害な金属、水銀とかカドミとか入っている物を＜買い＞ますか？

いくら体積はあると言っても「壊れた冷蔵庫」を穴に入れるために＜買い＞ますか？

品質は変わらないと言ってもビルを壊して出て来た、まだ鉄骨が出ていたり、大きい破片が入っていたり、小さな瓦、ビニールなどが混じっている物を＜買い＞ますか？

〔みなっち〕　そりゃ買わないわ。いくらお金持ちの私でも買わない。だって、後からかえって苦労することが目に見えてるもん。

〔BUNさん〕　結局、「買ってもいいなぁ」と思う「物」とは、土地造成の場合は、土地造成にふさわしい状態の物ということになる。すなわち、土砂崩れ等が起きないために、粒度が整い、強度があり、有害ガスや廃液や悪臭等の心配が無い物ということに落ち着く。この条件に合うのであれば、将来ともにその土地の上に住もうとする人物であっても、「土より安ければ買ってもいいかなぁ」と思うでしょうねぇ。

　これが、「土地造成を行うために窪地に入れても埋立地の許可が不要な条件」と言える。ただし、これは、単に甲と乙のみが、脱法的、潜脱的に了解するのではなく、社会的に見て「そうである」と認識されなければならないってことはありますよ。でないと、甲と乙のみであれば、契約書だけでいくらでも成立してしまう。

〔みなっち〕　うん、ここまではみなっちも納得。じゃ、いよいよ焼却炉の話に入ってよ。

## 5　「焼却」の時の判断

〔BUNさん〕　焼却の場合も、埋立てと同様の事が言える。ただし、埋立てよりは、対象物の範囲が多少狭まると言えるかもしれない。埋立ての場合は「体積」さえあれば、対象物になりえるけど、焼却と燃料の関係は、「燃える」必要が有るからねぇ。

　「燃料として使用」とは、すなわち「熱の利用」であり、「熱の利用」は「燃える物」であればなんでも可能となる。だから、ドラム缶焼却炉の上にやかんさえ乗せて置けば、「おれはごみを燃やしているんじゃない。お湯を沸かしているんだ。」と言い訳をすることが

できる。「廃棄物の処理を兼ねた物の利用」なのか、「真の有価物としての利用」なのか、土地造成、埋立てと同じ理論でいくよ。いいですか。

　燃やしている「物」が廃棄物であれば、いくらお湯を沸かしたとしても、それは「熱の利用を兼ねた廃棄物の処理である。」しかし、「廃棄物でお湯を沸かしてはならない」とは言っていない。廃棄物でお湯を沸かすなら、廃棄物の焼却炉の設置許可を受けてやりなさい、ということである。

　また、明確に「廃棄物でない物」を燃料とする行

為は、当然「廃棄物の焼却」にはあたらない。例としては「石炭、石油」による場合である。…

〔みなっち〕　ははぁ。なんだかわかってきたような感じがしてきたわ。と言うことは、質問に「ボイラー」って言葉が出て来たけど、「ボイラーの定義って何？」ってことなんかは、廃棄物処理法上は、問題の本質ではないって捉えていいの？。

〔BUNさん〕　はい、廃棄物処理法上は木くずを燃やしてる施設がボイラーかボイラーでないかは直接的には問題じゃないんですね。ただ、後でその要因も出てくるんで、ちょっと次の話を聞いてみてね。

　もし、定義上間違いなく「ボイラー」である施設で、他人が排出した「木くず」を処理料金を取って、燃料として使用していたら、それでも「廃棄物の処理ではない」と言いますか？

〔みなっち〕　そりゃ、違うでしょ。これは前に説明してくれた、「他人が金を出しても処理して欲しい物」なんだから、その木くずは廃棄物であるし、それを処理する行為は廃棄物の処理、それを処理する施設は廃棄物処理施設でしょ。

〔BUNさん〕　大正解。まぁ、こういった廃棄物を使って役に立つ物に変えることは「リサイクル」と呼ばれる分野ですね。燃やして熱を利用するのは「サーマルリサイクル」。

　でも、ちょっと考えればわかることだけど、「リサイクル」である限り、原料は廃棄物である。原料が廃棄物でなければ、つまり、買ってくるのであれば、それは単に加工業であり、熱利用であれば「燃料を買ってくる」石炭、石油と同じ話にしか過ぎない。

〔みなっち〕　言われれば、そのとおりね。「原料が廃棄物だからこそリサイクル」か。当たり前なんだけど、改めて言われるとまさに「目から鱗」ってとこね。

〔BUNさん〕　それでは、土地造成の時の「埋立地」と同様に、熱利用について考えてみるよ。熱利用というより、ボイラーといった方が理解し易いかもね、ボイラーにおいて、「燃料」として「買ってもいいなぁ」と思う「物」とはどういう物か。

燃やした時に黒々とした煙が出る廃プラスチックを＜買い＞ますか？

ボイラーの投入口に入らない大きな「解体木くず」を＜買い＞ますか？

中に有害な金属、水銀とかカドミとか入っている物を＜買い＞ますか？

いくら発熱量はあると言っても塩化水素が出る塩ビを＜買い＞ますか？

　結局、「買ってもいいなぁ」と思う「物」とは、ボイラーの場合は、燃料としてふさわしい状態の物ということになる。すなわち、黒い煙を出さない、十分な発熱量が得られる、ハンドリング（使い勝手）が良い、有害ガスや悪臭等の心配が無い物ということに落ち着く。この条件に合うのであれば、「石油より安ければ買ってもいいかなぁ」と思うであろう。これが、燃料として使用する時に「廃棄物焼却炉の許可が不要な条件」と言える。

〔みなっち〕　ホントそのとおり…だと思う。

## 6 受け入れる施設によっても

〔BUNさん〕 実は、焼却の場合、埋立てと違い、ここからさらに一歩ある。ここまでの理論展開で気づいたと思うけど、「燃料としての価値がある」との判断は、「その所有する設備によって違ってくる」ということがある。

〔みなっち〕 それ、どういうこと？

〔BUNさん〕 一例として、世の中には「カットタイヤボイラー」なる施設が存在する。カットタイヤとは、廃タイヤを15cmから20cmほどに切断した物。これを燃料として使う。

　さぁ、ここで考えて欲しい。もし、「カットタイヤボイラー」を所有していない会社は、このカットタイヤを買うか？

〔みなっち〕 「カットタイヤボイラー」を所有していなくちゃ、使いようがないもの買う訳ないじゃん。タイヤ刻んだ物買っても邪魔になるだけだもん。

〔BUNさん〕 じゃ、「カットタイヤボイラー」を所有している会社は、このカットタイヤを買うか？

〔みなっち〕 「カットタイヤボイラー」を所有している会社は、石油よりもカットタイヤが安ければ、「金を出しても買う」んじゃないの。

〔BUNさん〕 と、言うことは、「カットタイヤボイラー」を所有していない会社にとっては、カットタイヤは有価物にはなりえない。

　一方、「カットタイヤボイラー」を所有している会社は、まちがいなく「カットタイヤ」は有価物である。このことは、「土日で入門、廃棄物処理法」の付録の「なぜなくならない不法投棄」で紹介した「おから」と同じことなんですよ。

〔みなっち〕 ん～、だんだん禅問答のようになってきたぁ～。冒頭の質問に戻りましょ。

〔BUNさん〕 製材所は、もし、自分が出した廃材でなかったら、すなわち、他の製材所が出した廃材であったら、その廃材を買うだろうか？

ある製材所は「熱」「蒸気」が欲しいから「買う」かもしれない。でも、その製材所であっても、たぶん、「塩ビ」だったら買わないだろう。なぜか？「塩ビ」では、排ガス対策ができないから。「廃材」「木くず」でも、同じことなんだ。

　排ガス対策が講じられており、もし、自分の製材所で出す「木くず」だけでは足りず、他の製材所からの「木くず」も買っているのであれば、それは「廃棄物焼却炉」には該当しないだろう。

　一方、いくら排ガス対策を講じていても、需要と供給の関係から、他の製材所からの「木くず」は処理料金を取って受け入れているのであれば、これは明確に「廃棄物焼却炉」である。

　数量的に自社の出す木くずの量と燃やす木くずの量がぴったり同じ場合は、前述の理論に当てはめて考えて見ればいい。

　「もし、足りなければ同質の木くずをこの施設では買ってくるのだろうか。」これが、廃

棄物焼却炉となるか否かの大きな判断材料だと思うね。

〔みなっち〕　立派な、高度な施設を所有しているところは、燃やす物の品質が多少落ちても、施設・設備の方で黒煙防止やダイオキシン防止ができるから、通常の石油、石炭より安ければ「買う」ことも有り得る。こういう施設を所有している者にとっては、自分のところから出て来た物を自分のボイラーで利用しても、それは「廃棄物の処理ではない」と言える。

　一方、いくらお湯が沸かせるからと言って、煙もくもくの状態でしか木くずを燃やせない施設しかない者にとっては、自分のところから出た物だけを燃やしていても、それは「廃棄物の焼却を兼ねた熱利用」としか言えない。

…ってことなの？。

〔BUNさん〕　そのとおりだと思うんです。ただ、繰り返しになりますけど、「いくら立派な施設であっても、他人から処理料金を徴収している」って時は明確に廃棄物の処理ですよ。

今回の質問は「自分とこから出た物だけを焼却していて、かつ、熱を利用している」ので、「廃棄物の処理」なのか「有価物としての燃料」なのか判断に苦しむってケースを取り上げてる訳ですからね。

〔みなっち〕　そうそう、ついついのめり込んで大きいところが見えなくなるところだった。あと、何か言いたいことはある？

### 7　なんのための規制

〔BUNさん〕　そもそも、「なんのために様々な制限、規制をかけているか？」。

　焼却炉に限定して考えてもらっていいんですけど、焼却炉にいろんな規制をかけているのは、その周辺環境に悪い影響を及ぼすからじゃないですか。焼却炉の影響、と言えば端的には煙でしょ。だったら、本来の趣旨から言えば、煙が汚ければ、いくら燃料として「有価物」、高い燃料を使用していてもだめなはずでしょ。

　一方、燃やしている物が廃棄物であっても、きれいな煙しか出ないのであれば、問題ないんじゃないの。質問者の疑問の原因は、実は、廃棄物処理法、大気汚染防止法、ダイオキシン類特措法の矛盾にも一要因がある

と思うんですよ。大気汚染防止法とダイオキシン類特措法は「出口規制」なんですね。一方、廃棄物処理法は構造規制なんですよ。

　BUNさんとしては、大気汚染防止法とダイオキシン類特措法が「出口規制」である限り、「煙を出す施設」を分類する必要性は無いって主張なの。昔の中国の偉い人が言ったとか。「鼠をとる猫は良い猫だ。白い猫でも黒い猫でも。鼠を捕らない猫は悪い猫だ。白い猫でも黒い猫でも。」

　冒頭の理論どおり、「煙を出す施設」であれば、その燃やしている物が石炭であっても、石油であっても、RDFであっても、ごみであっても「黒い煙」は悪い煙で、「水蒸気」しか出ていない煙は良い煙のはずでしょ。

　廃棄物の焼却炉については、あまりに脱法的な行為が横行することから、構造規制するに至ったのだから、これはある意味しょうがないとも思えるけどさ。でも、構造規制をしている廃棄物焼却炉の出口から出てくる煙と同じ程度の濃度規制は、煙を出す施設なら「あらゆる施設」に制定するのが平等というもんじゃないかなぁ。

〔みなっち〕　そうねぇ。みなっちももし立入検査に行って煙もくもくなのに「うちはボイラーだよ」って言われたら、こう言いたいわ。

「廃棄物の焼却炉じゃない？ボイラーなんですか。それじゃ、少なくとも、ごみの焼却炉の煙よりはきれいな煙にして出してくださいね。」って。

どうですか？ご質問の方、納得いただけましたでしょうか。必ずしも掲載した回答が定説ってことじゃないので、そこのとこはよろしくね。ではまた。(^-^)/~

まとめノート

# 第4章　木くずボイラーは廃棄物焼却炉？

1　有価物を燃料とするボイラーは、ダイオキシン類特別措置法と廃棄物処理法の適用を受けない。

2　大気汚染防止法とダイオキシン類特措法は「出口規制」。

3　廃棄物処理法は構造規制。（廃棄物処理法で規定する構造基準・・・例）
　① 800度以上で燃焼できる焼却炉本体
　② 出てくる燃焼ガスを200度まで急冷できる冷却設備
　③ 助燃装置
　④ 高度なばいじん除去装置（通常はバグフィルターなど）

4　木くずボイラーにおける見分け方のポイント一例
　(1) 金のやりとりによりまず判断
　　　いくら立派な施設であっても、「他人から処理料金を徴収している」って時は明確に廃棄物の処理。
　　　明確に「廃棄物でない物」（石炭、石油）を燃料とする行為は、当然「廃棄物の焼却」にはあたらない。
　(2)「燃料としての価値がある」との判断は、その所有する設備によっても違ってくる場合がある。
　(3)「物の利用」が「真の有価物としての利用」なのか、「主たる目的は廃棄物の処理」ではないのか。
　(4) 燃やしている「物」が廃棄物であれば、いくらお湯を沸かしたとしても、それは「熱の利用を兼ねた廃棄物の処理である。」
　(5)「廃棄物でお湯を沸かしてはならない」とは言っていない。廃棄物でお湯を沸かすなら、廃棄物の焼却炉の設置許可を受けてやりなさい。

＜関係条文＞
法第2条（廃棄物の定義）
法第14条…（産業廃棄物処理業許可）
法第15条第1項、政令第7条…（産業廃棄物処理施設設置許可）
法第15条の2、省令第12条、省令第12条の2（設置許可基準、技術上の基準）

# 第5章

# 処 理 施 設

質問

食べ物の残渣物を原料に堆肥を製造する事業を検討しているんです。堆肥製造施設の建設にあたって、ある人は許可が必要って言うし、別の人に聞くと要らないって言うんですけど、どうなってるんですか？

〔みなっち〕　へぇ～、そんなことあるのかなぁ。教えてくれたどっちかの人が間違ってるんじゃないの？どうなの？BUNさん。こういった問題はどういうふうに考えていったらいいの？教えて。

〔BUNさん〕　はい、いつもご質問ありがとう。今回の質問は、バイオマス活用の気運の高まりに合わせて、日本全国あちこちで話題になったかもしれないね。

　まず、答え。教えてくれた人どっちも正しい。

〔みなっち〕　そんなことないでしょ。正反対のこと言ってるんだから、どっちかが正解で、どっちかは間違ってるんでしょ。

## 1　処理施設設置許可の種類

〔BUNさん〕　いや、これは実はこういうことなんだと思う。まず、今回の「許可が要る」は、「処理施設設置許可」が必要かどうかってことね。「業許可」の話じゃないからね。

〔みなっち〕　あぁ、これはみなっちもわかるわ。「土日で入門」でも、しつこく書いてたもの。産廃なら廃棄物処理法14条で規定している「業許可」と15条で規定している「処理施設設置許可」のことね。区別はつくわ。おさらいすると、14条の「業許可」と言うのは「他人の産廃を処理してやって処理料金を徴収する。すなわち商売の許可。」、一方、15条で規定している「処理施設設置許可」って言うのは脱水施設や焼却施設などの「処理施設」

を設置する時にあらかじめ取っておかなくちゃなんない「設置許可」、だからこの15条許可は自分、自社の産廃だけを処理する場合でも必要、ってことだったわよね。

〔BUNさん〕　偉いなぁ。よく覚えていたね。でも今回の質問に関して言えば、50点だね。

〔みなっち〕　え〜、赤点じゃん。どこが抜けてるの？

〔BUNさん〕　みなっちは産業廃棄物のことしか答えなかった。それだと、今回の質問には正解は出せないんだ。質問者は「食べ物の残渣物」って言ってるよね。産廃の20種類の分類で言えば「動植物性残渣」ってことになるけど、この「動植物性残渣」って種類は、業種指定がある産廃だったでしょ。「廃棄物判断流れ図」見てちょうだい。

　動植物性残渣が産業廃棄物になるのは、食品製造業や医薬品製造業、香料製造業から排出される時だけ。だから、レストランや旅館、コンビニ、スーパーマーケットなんかから出される動植物性残渣は、産業廃棄物じゃなく、一般廃棄物ってことになっちゃうんだ。

〔みなっち〕　あぁ〜、あの一番やっかいな事業系一般廃棄物ってやつかぁ。すっかり忘れ

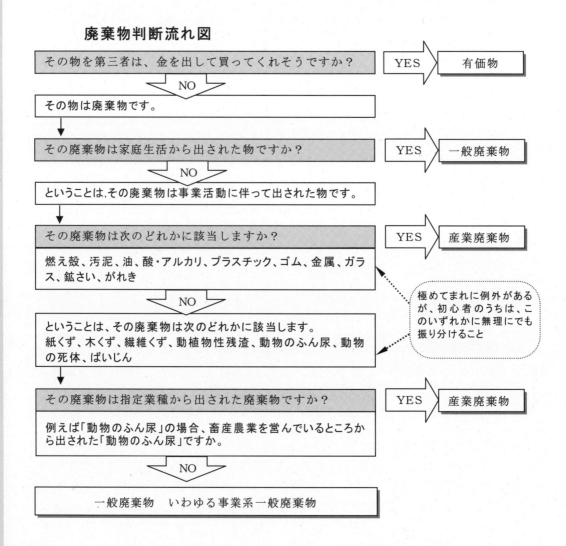

**廃棄物判断流れ図**

その物を第三者は、金を出して買ってくれそうですか？　→ YES → 有価物

↓ NO

その物は廃棄物です。

その廃棄物は家庭生活から出された物ですか？　→ YES → 一般廃棄物

↓ NO

ということは、その廃棄物は事業活動に伴って出された物です。

その廃棄物は次のどれかに該当しますか？　→ YES → 産業廃棄物

燃え殻、汚泥、油、酸・アルカリ、プラスチック、ゴム、金属、ガラス、鉱さい、がれき

↓ NO

極めてまれに例外があるが、初心者のうちは、このいずれかに無理にでも振り分けること

ということは、その廃棄物は次のどれかに該当します。
紙くず、木くず、繊維くず、動植物性残渣、動物のふん尿、動物の死体、ばいじん

その廃棄物は指定業種から出された廃棄物ですか？　→ YES → 産業廃棄物

例えば「動物のふん尿」の場合、畜産農業を営んでいるところから出された「動物のふん尿」ですか。

↓ NO

一般廃棄物　いわゆる事業系一般廃棄物

てた。でも、事業系一般廃棄物になることと、施設設置許可が要る、要らないとどんな関係があるの？

〔BUNさん〕 じゃ、まず処理施設設置許可について、いくつかの基本的なことの復習をしようか？

1. 処理施設には、許可が必要な施設と許可が不要な施設がある。

2. 許可が必要かどうかは、①処理する廃棄物の種類と②施設の種類③施設の規模・大きさ・処理能力で決めている。だったね。

「土日で入門」に出した例では、次のようなものがあった。

①の例としては、許可が要るのは「汚泥」脱水施設。だから「動植物性残渣」を脱水する施設は1日20㎥でも100㎥の能力でも許可は不要。

②としては、脱水施設だから許可は必要だけど、溶かす施設なら許可は不要なんだ。

③としては、汚泥脱水施設の許可が必要な施設能力は1日10㎥を超えるもの。だから、1日9㎥や8㎥の能力の施設は設置許可は要らない。

ここで表を見てみて。15条の産廃の処理施設で許可が必要なものはなんだと見てみると…。

〔みなっち〕 あれ～、「堆肥化施設」ってないわ。そうかぁ。堆肥化施設は設置しても許可が要らない施設ってことになる訳かぁ。じゃ、質問者に対する答えは「許可不要」じゃないの？

〔BUNさん〕 対象物が「産廃」ならね。ここで、忘れちゃなんないのがさっき話した、一

## 産業廃棄物処理施設

### （廃棄物処理法第15条により設置する時に許可の必要な施設の種類）

（能力は「それ以上」と「それを超える」場合とがある）

| | 施設の種類 | | 代表的な能力の規定 | その他の能力の規定 | 政令7条 号数 |
|---|---|---|---|---|---|
| 1 | 汚泥の脱水施設 | | 10m³／日 | ——————— | 1号 |
| 2 | 汚泥の乾燥施設 | | 10m³／日 | 天日乾燥は100m³／日 | 2号 |
| 3 | 焼却施設 | 汚泥焼却施設 | 200kg／時 | 5m³／日、火格子面積2m² | 3号 |
| | | 廃油焼却施設 | 200kg／時 | 1m³／日、火格子面積2m² | 5号 |
| | | 廃プラ焼却施設 | 100kg／日 | 火格子面積2m² | 8号 |
| | | その他の焼却施設 | 200kg／時 | 火格子面積2m² | 13の2号 |
| 4 | 中和施設 | | 50m³／日 | ——————— | 6号 |
| 5 | 廃プラ、木くず、がれき類の破砕施設 | | 5t／日 | ——————— | 7号<br><br>8の2号 |
| 6 | 最終処分場 | | いくら小さくても | ——————— | 14号 |
| 7 | 廃油の油水分離施設 | | 10m³／日 | ——————— | 4号 |
| 8 | シアン化合物の分解施設 | | いくら小さくても | ——————— | 11号 |

あまり設置例のない「PCB関連の処理施設」「有害汚泥のコンクリート固形化施設」「ばい焼施設」等は省略している

般廃棄物のこと。もし、対象物である「食べ物の残渣物」がレストランから出された物だとしたら…。

〔みなっち〕　一般廃棄物の処理施設ってことになっちゃう訳か。だとすると、廃棄物処理法では…第8条ね。え〜と、「堆肥化施設」「堆肥化施設」…と。あれ？第8条にも「堆肥化施設」って書いて無いわよ。だとすると、たとえ対象物が一般廃棄物だとしても設置許可は要らないってことになるんじゃないの。

---

(一般廃棄物処理施設、政令)
第五条　法第八条第一項の政令で定めるごみ処理施設は、一日当たりの処理能力が五トン以上(焼却施設にあつては、一時間当たりの処理能力が二百キログラム以上又は火格子面積が二平方メートル以上)のごみ処理施設とする。

---

## 2　一般廃棄物処理施設の区分は

〔BUNさん〕　ところが、要るんだなぁ。この点が、間違い易い一つのポイントだね。実は、一般廃棄物処理施設の方は産業廃棄物のように一個一個具体的には規定していないんだ。産廃の「汚泥脱水施設」とか「廃プラスチック類の破砕施設」のように具体的には規定しないで、なにからなにまで全部引っくるめて「ごみ処理施設」に含めているんだ。

〔みなっち〕　と言うことは、食べ物の残渣物の堆肥化施設も「ごみ処理施設」になっちゃうってこと？　なんか、みなっちの感覚から言えば「ごみ処理施設」って言ったら、粗大ごみを取扱うような施設って感じだけどねぇ。

〔BUNさん〕　一般廃棄物の分野では、「食べ物の残渣物」だろうが「紙くず」だろうが「木くず」だろうが、なんでも「ごみ」なんだ。家庭の雑排水から出てくる汚泥を処理する「脱水施設」、これも「ごみ処理施設」ってことになるね。そこで、いろんな矛盾が出てきているんだ。

　昔は一般廃棄物の処理って市町村しかやらなかったから、あまり表面化しなかったけど、最近は民間でも特に事業系一廃を対象とした処理施設を設置することが結構有る。今回の質問のように、缶詰屋さんなどの「食料品製造業」から排出される「食べ物の残渣物」だけを堆肥の原料として行う「堆肥化施設」は設置にあたっては、許可は要らないのに、レストランから出てくる「食べ物の残渣物」を堆肥の原料として行う「堆肥化施設」で1日の処理能力が5トン以上の施設は、設置にあたっては、許可が必要ってことになっちゃう。

〔みなっち〕　このことが、質問者の疑問になってた原因ね。ついでだから、「処理施設」についてのいろんな問題点あったら紹介して。

## 3　同じ処理施設のようでも…

〔BUNさん〕　そうだねぇ。処理施設が許可が必要かどうかってことは、設置者にとっては

とても大きな問題だから、ちょっと脇道にそれるけど、処理施設にまつわる余談など。

　許可の必要な処理施設かどうかはさっき復習したように、①対象物、②施設の種類、③規模・能力という要因がある訳なんで、それぞれに抱えている問題がある。

　まず、①対象物に関しては、有価物か廃棄物かってことから始まっちゃう。第4章「木くずボイラーは廃棄物焼却炉？」の時に紹介したように、同じ煙を出していても、有価物を燃やしている時は規制がかからず、廃棄物だと規制がかかる、なんてことが出てくるね。

　また、今回のように対象物が科学的に見れば全く同じ「物」であっても、産廃なら許可は不要、一廃なら許可は必要ってことも出てくる。さらに同じ産廃の「乾燥施設」であっても汚泥の乾燥施設なら許可は要るけど、動植物性残渣の乾燥施設だと要らないってことも出てくる。

　②施設の種類は、「土日で入門」でも書いたけど、例えば「廃プラスチックの破砕施設」ってある。「破砕」と「切断」って言葉は違うけど、実際の施設になると判断は難しい。

　鋭利な刃で切るのは「切断」？

　でも、刃毀れしてきて引っ掻いて削り取るような状態になっちゃうと「破砕」？

　1m間隔で5分に一回刃が落ちてくるのは「切断」？

　でも、1mm間隔で5秒に一回刃が落ちてくるのは「破砕」？

　と言うことで実際のところ、設置者が「うちのは切断施設だから許可は要らないでしょ」と主張しても「破砕施設」と判断されて、許可が必要って場合も出てくる。

　③規模・能力についても、次のようなことが言える。例えば汚泥の脱水施設なら、許可必要・不要の境界線が「10㎥/日」だったね。ところが、この「能力」と言うのが極めてわかりにくい。汚泥脱水施設には大きな布袋で漉すイメージの「フィルタープレス」って方法があるんだけど、これなんかだと濃度の低い、すなわち「薄い」状態で通すのと、濃い、どろどろした状態で通すのでは一日に通すことのできる量は大きく変わる。

〔みなっち〕　そうねぇ。真水みたいな状態ならいくらでも通るでしょうし、あんこみたいだったら通らないだろうなぁ。

〔BUNさん〕　脱水施設については、「脱水する前の量で判断する」って決めてるからね。このことについて、もっと理解し易いのは「天日乾燥施設」。これは1日あたりの処理能力が100㎥って言われても、まさに「お天道様任せ」の施設だからね。客観的に証明するのは難しいよね。

〔みなっち〕　ふ～ん、ボーダーラインの問題っていうのは、どんなことにもあるもんね。その他は？

〔BUNさん〕　最近は各種のリサイクル法の関係や、平成16年に制定された「既存産廃処理施設で一廃を扱うときの合理化措置」（法第15条の2の5）や、再生利用大臣認定（法第15条の4の2）の規定によって処理施設でも設置許可が不要となる規定なんかがあるから、実際に処理施設を建設しようと思った人は、必ず担当の行政窓口に相談してね。

　その際は、今回の質問者のように扱う物や排出事業者の業種や扱い量によって、許可が必要になったり不要だったりするから、できるだけ自分の計画を具体的に説明できるようにした方がいいと思うよ。

〔**みなっち**〕　そうねぇ。施設建設ってなれば何千万円、何億円って経費がかかる訳でしょうから、ある程度進めるためには、専門のしっかりしたコンサルタントの力を借りるってことも必要なのかもね。

まとめノート

## 第5章　処理施設

### 許可を要する処理施設の区分
(1) 産業廃棄物の処理施設の設置許可と一般廃棄物の処理施設の設置許可は異なる。
(2) 一般廃棄物の処理施設は、(焼却施設以外は) 廃棄物の種類や施設の種類による区分はなく、「ごみ処理施設」としてひとくくりになっており、一日5t以上の処理能力の場合は許可の対象になる。(し尿処理施設、最終処分場を除く)
(3) 対象物が同じ (例えば「食べ物の残渣物」)、処理能力が同じでも、一般廃棄物か産業廃棄物かで、許可が必要だったり、不要だったりする。
(4) 各種リサイクル法の規定により、「業の許可」は不要となっても、処理施設設置許可は必要となる場合が多いので注意が必要。
(5) 逆に、既存産廃処理施設で一廃を扱うときの合理化措置や廃棄物処理法第15条の4の2の規定により処理施設でも設置許可が不要となる場合がある。

＜関係条文＞
法第2条各項及びこれを受けた政省令　(廃棄物の定義)
法第8条を受けた政令第5条 (一般廃棄物処理施設設置の許可)
法第15条…各項及びこれを受けた政省令　(産業廃棄物処理施設設置の許可)
法第15条の2の5…産廃処理施設に係る一廃処理施設についての特例
法第15条の4の2…産業廃棄物の再生利用に係る特例

# 第6章

# 墓石ポイ！

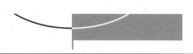

| 見出し |
|---|

1 用途は終わったけど廃棄物じゃないもの
2 自然物、人が支配すれば廃棄物
3 法律の規定がバッティング？…特別法優先

墓石やペットの死体は廃棄物処理法の対象にはならないと聞きました。それじゃこういった物をそのへんに投げ捨てていっても不法投棄には問われないってことになるんでしょうか？また、鳥インフルエンザの時に大量の鶏の死骸を穴を掘って埋めているのもテレビで放映されましたよね。あれって、廃棄物処理法の埋立地の許可は要らないんですか？

〔みなっち〕　これ、これ。みなっちも、何回かみなさんと一緒に廃棄物処理法勉強してきたけど、どうも整理がつかなかった点なのよね。BUNさん教えてちょ。

〔BUNさん〕　(^-^)/そうですね。これなんかは、廃棄物処理法をそれなりに勉強して来た人がぶつかる、まぁ、言ってみれば「入門」を卒業して、いよいよ中級ランクに入ったって人の疑問点ですね。

　まず、初心者のために、質問者が言ってる「墓石やペットの死体は廃棄物処理法の対象にはならない」の根拠となっているものを紹介しましょう。

　墓石については、当初昭和57年6月14日付け環産21号という当時の厚生省から出された疑義応答通知の問12番に、ペット、すなわち愛玩動物の死体についても「動物霊園」に関する疑義ってことで同じ疑義応答通知にあったと思う。これらの通知は何回かの改正を経たんだけど、最終的には平成12年のいわゆる「地方分権一括法」の関係で廃止されたんじゃなかったかなぁ。ただ、「土日で入門」（「廃止疑義応答について」）の記載のとおり、国からの通知としては廃止されたけど、趣旨としては今でもほとんどの都道府県でそのように運用されているはずだね。

> 問　古い墓を除去して廃棄しようとする場合、廃棄物として取扱ってよいか？
> 答　墓は祖先の霊を埋葬、供養等してきた宗教的感情の対象であるので、宗教行為の一部とし墓を除去し廃棄する場合、廃棄物として取扱うことは適当でない。

> 問　動物霊園事業として愛玩動物の死体を処理する場合、廃棄物処理業の許可を要するか？
> 答　愛玩動物の死体の埋葬、供養等を行う場合、当該死体は廃棄物には該当せず、したがって廃棄物処理業の許可を要しない。

　なお、この疑義応答通知について日環センター発行の「廃棄物処理法の解説」（いわゆるピンク本のCD）には掲載されているから、職場にある人は確認してみてね。

## 1　用途は終わったけど廃棄物じゃないもの

〔みなっち〕　ふ～ん、「墓石やペットの死体は廃棄物処理法の対象にはならない」って解釈にそう書いてあるならそのとおりなんじゃないの。

〔BUNさん〕　この疑義応答を見た人は、短絡的にそのように勘違いしちゃう人がいるんだなぁ。まぁ、この疑義応答がちょっと言葉足らずってこともあるかとは思うけど。じゃぁさぁ、もし、もしだよ。質問のように墓石が不法投棄されちゃった時は廃棄物処理法違反には問われないんだと思う？

〔みなっち〕　あっ、そうか。単に墓石が「廃棄物じゃない」ってすると、不法投棄しても廃棄物処理法違反にはならないってことになっちゃう訳かぁ。でも、そんな不心得者、世の中にいるかなぁ。

〔BUNさん〕　ところが世の中は広いんだよなぁ。これは山形新聞に掲載された本当にあった事件なんだけど、墓石を他人の土地に投げ捨てていったってことが現実にあったんだよ。

〔みなっち〕　ほんとだ。信じらんない！！これ、どうなの？

〔BUNさん〕　この疑義解釈のポイントはね、単に「墓石は廃棄物ではない」じゃなくて、その形容詞的部分が大切なんだ。「…宗教行為の一部とし墓を除去し廃棄する場合…」ここだね。

　つまり、新しい墓石に交換した、今までの墓石は不要になった、でも、さすがに今まで何十年、先祖から考えると

山形新聞平成12年8月15日夕刊

何百年もお祀りしてきた「物」を粗略、ぞんざいに取扱う訳にはいかない、そこで多くのケースでは広い墓地の一角に集めたり、その場所に穴を掘って埋めたりすることがある。まぁ、御用済みとはなったけど、投げ捨てるってことじゃなくバチがあたらないように処理しようってことだね。

　もし、この廃棄した墓石を廃棄物処理法の適用を受ける廃棄物だとした場合、一角に集めておくことが「廃棄物の保管」となったり、穴を掘って埋めるってことは「不法投棄」か「埋立地の無許可設置」ってことにもなりかねない訳だ。

　つまり、墓としての用途は終わりとなったけど、その「物体」は、なお引き続き「宗教行為の一部とし」その人達にとっては「価値のある物」としての位置付けとした訳さ。

〔みなっち〕　なるほど。墓としては「用途は廃した、お役は終わった。」となったけど、当事者にとっては引き続き「有価物」って解釈ね。じゃ、新聞記事のような「他人の土地に投げ捨てられた」って「旧墓石」はどう解釈すればいい？

〔BUNさん〕　この「物体」すなわち「旧墓石」は、投げ捨てる位だから全く「宗教行為」を伴っていないし、また当然投げ捨てた者にとっては「価値」を見いだしてはいない。すなわち、これは廃棄物処理法でいう廃棄物に間違いないね。墓石以外にも、似たような事例として、ペットとして飼っていた伝書鳩の死体を大量に投げ捨てて不法投棄で逮捕されたり、遺品の「お炊きあげ」と称して野焼きして裁判になった事例もあるよ。

　まぁ、恐らく素人が墓石を取り外したり、運んだりはできないでしょうから、それなりの「業者」が行った行為だと思われる。とすれば「事業活動」が伴っているし、据え付けられていた「建造物」を解体して発生したと考えられるから、産業廃棄物の「がれき類」となると思うね。

〔みなっち〕　なるほどね。ちょっと脇道にそれるけど、墓石って単なる「石」よね。そんな「石」でも産業廃棄物ってなるの？

## 2　自然物、人が支配すれば廃棄物

〔BUNさん〕　ん〜改めて初心者のような事を聞くね。「天然素材」だから廃棄物にならないかも？って感覚なら大きな間違いだね。そんなこと言ったら、家屋解体から発生する「木くず」も天然素材だし、食品製造業から発生する「原料にならなかった」野菜や果物も天然素材だよ。そうそう、「石」については、同じ疑義解釈の通知の中にこんなのもあるよ。

> 問　鉄道の線路に敷いてある砂利を除去した場合、それは産業廃棄物か？
> 答　これを不要として排出する場合には、令第1条第9号（条文の改正あり、現在は令第2条第9号）に規定する産業廃棄物に該当する。（現在で言うところの、いわゆる「がれき類」。）

　この問の「物体」は、「旧墓石」よりももっと天然の状態に近いよね。単なる「砂利」だからね。まぁ、考え方としては、いくら当初は天然の物であっても、一旦人の支配下、占有下、所有下に入り、その後「不要」として排出される場合は、原則的に「廃棄物」として考えた方がいいでしょうね。

〔みなっち〕　ふ～ん、なるほどね～。ところで、話を戻して、「旧墓石」はわかったけど、「ペットの死体」や「鳥インフルエンザの鶏の死体」も同じ考え方になるの？

〔BUNさん〕　「ペットの死体」すなわち「愛玩動物の死体」は「旧墓石」の考え方と同じだね。「死体」であっても、今までの飼い主にとっては「価値のある物」、だからこそわざわざ供養してもらうため、それなりの経費も出すし、儀式も行う。「有価物」。だから、これとは逆に、今までかわいがっていたにもかかわらず、死んだ途端、手のひらを反すように「もうこんな物要らないや」って言うんで「投げ捨て」てしまうようなら、廃棄物ってなるね。

　でも、「鳥インフルエンザの鶏の死体」はこの「愛玩動物の死体」や「旧墓石」とは全く別の考えになるよ。

〔みなっち〕　はぁ～、また別なの。

### 3　法律の規定がバッティング？…特別法優先

〔BUNさん〕　「鳥インフルエンザの鶏の死体」は家畜伝染病予防法という法律の中で、「死体の取扱い」について規定してある。つまり、「鳥インフルエンザの鶏の死体」という「物体」は「不要である」という面では「廃棄物」ではあるんだけど、一方で「伝染病を媒体する危険性のある物」でもある訳だ。そこで、家畜伝染病予防法では伝染病の危険性を極力少なくするために、移動禁止の措置や「埋却」の措置を規定しているんだ。

　廃棄物処理法の「廃棄物を埋める場合は許可のある埋立地で」という規定と家畜伝染病予防法の「移動禁止、その場で埋却」という規定はバッティングを起こしてしまう訳だね。

　国民としてはどっちも法律の訳だから、どっちかに従えば、どっちかの法律に違反してしまうってことが起きちゃう。こういう時は「特別法優先」の考え方があるんだ。

〔みなっち〕　「特別法優先」(・_・？)それって何？「特別法」って「ダイオキシン特別法」みたいな法律？

〔BUNさん〕　いや、特定の法律のことじゃないのね。一般法と特別法という考え方がある。

　例えば、刃物で人を傷つけるのは傷害罪（刑法）という重大な法律違反だよね。ところが、外科手術では、医者が患者の体をメスという刃物で切り裂かなければならない。この

ままでは、医者は手術する度に傷害罪で捕まることになる。そうならないために医師法とか医療法とか別の法律で規定している。この例では「刃物で人を傷つけてはならない」という決りは一般法で、「手術」と言う特別な場合のみ、その一般法を適用せず、特別に規定している法律を適用する訳だ。この立場になるのが特別法にあたる訳だね。

2つの規定がバッティングするんだけど、一方の法律の「目的」がもう一方の法律の「目的」を越えているような時はそちらの法律の規定の方を優先させるっていうようなことかな。廃棄物処理法は「廃棄物の処理」ってことに関しては、広くみんなに適用される「一般法」の立場になる。

一方、「家畜伝染病予防法」は、こと「患畜の処理」ってことに関しては「廃棄物処理法に対する特別法」の立場になる訳だ。

廃棄物処理法の特別法の立場にある法律はもっとある。「通知」で明示されているものとしては「鉱山法」「水質汚濁防止法」なんかも「廃棄物処理法に対する特別法」の立場にあるね。だから、鉱山法が適用になる区域において、鉱山法が適用になる「鉱さい」、つまり「ボタ山」なんかは廃棄物処理法の適用は受けない。

水質汚濁防止法で規定している特定事業場からの排水には（原則）水質汚濁防止法の基準はかかるけど、廃棄物処理法の適用は受けない。

〔みなっち〕　ふ〜ん、なかなか難しいわねぇ。廃棄物処理法を使いこなすには社会の常識も、他の法令も知る必要があるってことねぇ。

〔BUNさん〕　ただ、最近ちょっと矛盾も出て来ているんだ。

〔みなっち〕　その矛盾ってなに？

〔BUNさん〕　それはねぇ、罰則というか量刑なんだ。普通は違反したらどっちが重いかってことになると、国民全員に広くかけられる法律よりは、特定の人や行為にかけられる法律の方が重くって当たり前だって気がするでしょ。だって、特別法の規定が適用になる人って別の法律でそれなりの届出とか資格とか有して、やっていいことと悪いことがわかっているはずなんだから。水質汚濁防止法なんかその典型だね。

ところが、廃棄物処理法は最近社会が注目するもんでどんどん刑罰を重くしてきてるんだけど、その他の法律がこれに追いつかない訳さ。だから、同じ「汚水」を垂れ流した時なんか、一般国民は廃棄物処理法が適用になり最高刑「懲役5年、罰金法人3億円以下、個人1000万円以下」なんだよ。一方で水質汚濁防止法適用事業場では最高刑「懲役1年以下、罰金100万円以下」なんだ。これはどうにも矛盾を感じるね。現実的には検事さんや裁判所はその辺は配慮はしていると思うけどさ。

〔みなっち〕　こちらを立てればあちらが立たずみたいな状況ねぇ。でも、悪いことしたら廃棄物処理法だけじゃなく、いろんな法律駆使しても処罰するって社会にしていかないといけないなぁってことはわかったわ。どうですか？みなさん、ご理解いただけましたでしょうか？わかりにくいところもあったかもしれませんが、またね。〜〜 (^ ^)/

まとめノート

# 第6章　墓石ポイ！

(1) 用途は終えても廃棄物ではない物

　　当初の用途は終えても、当事者にとっては、別の意味で引き続き「価値のある物」となる「物」もある・・・墓石・ペットの死体

(2) 元は自然物でも一旦人の支配下に入った「物」は廃棄物処理法の対象となる。

　　石、砂利、動物、植物等天然素材であっても、一旦人の支配下になり、その後「不要」となれば、原則的に廃棄物処理法の適用を受ける。

(3) 一般法と特別法。特別法優先

　　鳥インフルエンザの「鶏の死体」は廃棄物処理法で規定する「廃棄物」に違いはないが、「伝染病を媒介する危険性のある物」でもあることから、家畜伝染病予防法の規制も受ける。このような時、家畜伝染病予防法は廃棄物処理法の特別法の位置付けとなり、特別法は一般法に優先する。

＜関係条文＞

法第2条第1項　（廃棄物の定義）

法第2条第4項各項及びこれを受けた政令第2条第9号　（産業廃棄物「がれき類」の定義）

法第12条第1項及びそれを受けた政省令　（産業廃棄物処理基準）

法第15条第1項及びこれを受けた政令第7条第14号　（埋立地の設置許可）

法第16条　（投棄禁止）

# 第7章

## 剪定枝と落ち葉は？

質問

「剪定枝」は、果樹の「剪定枝」も街路樹の「剪定枝」も産業廃棄物とはならず、一般廃棄物であると聞いたのですが、どうなんでしょうか。

また、「街路樹を剪定した場合、剪定枝の排出者は、誰か？」ということです。街路樹の所有者である、国・県・市町村でしょうか。それとも剪定業者でしょうか。落ち葉はどのように考えたらいいのでしょうか。

具体的には公園の管理を造園業者Aに、公園内の街路樹の剪定や公園の中に散乱する落ち葉やごみの清掃、発生した剪定枝、落ち葉、ごみの始末も一括して委託したいのですが。

〔みなっち〕へぇ〜、今まで気にも留めずにきたわ。でも、果樹農園から出てくる剪定枝は、農業という事業活動が伴って出てくる訳だから産業廃棄物じゃないの？このへんのことから教えてちょうだいな。

## 1　「剪定枝」を廃棄物の分類で考えると

〔BUNさん〕(^-^)/

まず簡単なとこからね。剪定枝は「折れた枝」じゃない。わざわざ切り取るのが「剪定」だから、「剪定枝」って言う限り必ず事業活動伴ってるよね。こういった「何に分類されるか」って時はなんといっても「廃棄物判断流れ図」だね。第5章処理施設の32ページをもう一度見て。

まず、剪定枝は買ってくれるか？まぁ普通は買ってくれる人はいないから有価物か廃棄物かって言えば廃棄物だね。次に、「家庭生活から出されたか？」ってなると、そうじゃなく事業活動が伴っている。

さぁ、その次だ。「剪定枝」ってもし産業廃棄物だとしたら20種類のうち何かってなる。

これは明白だね。産廃20種には「木くず」があるから剪定枝はこれに該当する。ところが、木くずが産廃となるためには、業種指定っていうものがあったね。木くずが産廃となる業種は建設業や木製品製造業であり、果樹栽培農業や、街路樹を剪定している造園業はこの業種に入っていない。したがって、街路樹を剪定して出てくる剪定枝も果樹の剪定枝も「事業系一般廃棄物」ってなる訳だ。

〔みなっち〕 例の一番やっかいな事業系一般廃棄物ってやつね。じゃいよいよ次の質問の「街路樹を剪定した場合、剪定枝の排出者は、誰か？」ということについてはどうなの？

## 2 「剪定枝」の排出者は誰か

〔BUNさん〕 「土日で入門」の中では建設廃棄物の特殊性って章で似たような事例を取り上げさせていただいています。「解体廃棄物」や「自動車のオイル交換をガソリンスタンドで行った時に発生する廃油」や「清掃の時に出てくるごみ」は誰の廃棄物かって箇所ね。

この判断は「その作業を行う前から元々いらない物」だったのか、それとも「その作業を行うことにより発生した物」かってことが大きな判断材料になると思う。

剪定枝の場合、誰の廃棄物かは、解体建築物や自動車のオイル交換よりは判断し易いんじゃないかな。剪定枝は明らかに「その作業を行うことにより発生した物」だからね。

で、質問の「街路樹の剪定枝は誰が出した廃棄物か」ってことなんだけど、もし、BUNさんが聞かれたら、「管理者から委託を受けた元請けの剪定業者」と答えるなぁ。

街路樹の管理者たる国・県・市町村が、「剪定を委託」したってことだろうから、その業務に付随して発生した不要物はその業務の受託者、請負者であると考えるよ。この剪定枝の問題は、グレーゾーンには入り込まないランクだと思うね。

〔みなっち〕 排出者は街路樹の所有者や管理者である、国・県・市町村じゃなくて、その管理委託を受けた剪定業者ってことになるってことね。じゃ、事業系一般廃棄物であるとしても一般廃棄物は一般廃棄物な訳だから、その運搬を委託する場合は一般廃棄物の処理業者、または排出者自らが運搬して一般廃棄物の処理施設に持っていけばいいだけの話よね。どうして、この程度のこと質問して来たんでしょうね？

〔BUNさん〕 いやいや、この問題は実はとても難しいんですよ。「剪定枝」だけを考えれば簡単そうに見えるけど、この質問の主たるところは実は次の「落ち葉」ってとこにあると思うな。

〔みなっち〕 はぁ～？「落ち葉」(・_・？)なんで落ち葉が難しいの？

## 3 落ち葉は落ちた時点で廃棄物

〔BUNさん〕 みなっちは「落ち葉」は廃棄物だと思う？

〔みなっち〕 そりゃ、焼き芋のためにたき火する落ち葉は有価物かもしれないけど、大多

数の大量に公園や街路に散らばってる落ち葉はやっぱり廃棄物だと思うなぁ。

〔BUNさん〕　質問の答は後にしてちょっと脇道に入ろうか？

　落ち葉はどの時点で廃棄物だと思う？葉が樹木にくっついているうちは？離れて空中を舞っている時点は？地面に着地して、その地面が元の樹木が生えているのと同じ敷地内では？その落ち葉を「不要」であるとして、掃除して集めた物は？

〔みなっち〕　葉が樹木にくっついているうちは、「落ち葉」じゃなく単に「葉」なんだから廃棄物じゃないわね。離れて空中を舞っている時点は「？」かなぁ、地面に着地してしまったらそりゃ「落ち葉」だから廃棄物かな？掃除して集めた物は、これはもう明確に「廃棄物」。どう？訳のわかんないこと聞くわね。どういうこと？

〔BUNさん〕　いや、「不法投棄」ってことちょっと考えててね。物事って極端な例で考えて行った方が整理が付き易いのね。廃棄物処理法の場合は、「不法投棄」とか「無許可」とかに該当するかなぁってことから考えてみるのが一つの手なんだ。ここで、なんでこんなこと聞いたかって言えば「落ち葉」って廃棄物なんだってことを実感して欲しくてさ。落ち葉って自分の庭に植えてある樹木からひらひらと落ちてきたものなんて、

「廃棄物」なんてあまり実感しないと思うんだ。でも、もし、もしだよ、一旦掃き集められた大量の「落ち葉」がある朝突然自分の庭に投げ込まれていたら、どう思う？

〔みなっち〕　そりゃ、「不法投棄」って思うわね。

### 4　落ち葉を集めるだけなら清掃だけど、外へ運べば…

〔BUNさん〕　その言葉忘れないでね。じゃ、「落ち葉」の本論に戻そう。ここの議論は「剪定枝」のことじゃなく「落ち葉」に関してだから注意してね。

　BUNさんは、請負った剪定業務に付随する「落ち葉」程度の行為なら、剪定を行った者の「自社廃棄物」の範疇で許可は不要と思う。さらに、もし自分が請負った剪定に直接付随しなくても「生垣等に落ちている落ち葉・ごみは一緒に集めてはいけない？」はOKです。ただ、「集める行為」の内容なんだけど「業務を請負った公園とか施設の範囲内で集める」これなら、「清掃」の範疇だからOKと言う意味です。

　でも、その集めた「落ち葉・ごみ」を、反復継続して施設の外へ持ち出し、焼却施設や埋立地に運搬するには、処理業の許可が必要です。ここからは剪定枝や落ち葉に限ったことではなく、一般的な「清掃・掃除」と「廃棄物の収集運搬」の関係と言えるよね。

　整理をすると、剪定の段階から請負い業務で発注するなら、発生する剪定枝は請負い業

者が出した廃棄物です。これは、剪定を行う前ではまだ「ごみ」「廃棄物」が存在してないから。グレーゾーンは、「公園の清掃を受託した会社がそこで集めたごみをそのまま運搬して行ってよいか。」ってあたりからだと思う。これだと、受託した段階で、すでに「ごみ」が存在している。施設内で「ごみを集める」行為は「清掃の範疇」だけど、施設内で集めたごみは、自分が排出者とはならないので、施設の外に持ち出し運ぶ場合は「廃棄物収集運搬業の許可が必要」だよ。

〔みなっち〕　ちょっと、ちょっと。頭が混乱してきたわ。整理するわね。

　造園業者Aさんが、公園の管理者から公園の管理を委託されている。それには、街路樹の剪定や公園の中に散乱する落ち葉やごみの清掃も入っている。剪定枝は造園業者Aさんが、排出者であるから自分で公園から持ちだし、例えば市町村の焼却炉に運搬して行くのは法律違反じゃない。でも、落ち葉を造園業者Aさんが、公園から持ちだし、市町村の焼却炉に運搬して行くのは法律違反になるってこと。

〔BUNさん〕　そのとおり。現実問題としてちょっと違和感あるでしょ。自分で切った枝は葉がついてても自分で運んでいい。でも、最初から落ちてた葉は自分で集めても自分で運んじゃだめ。「落ち葉」は「剪定枝」と違い、発生過程で明確な排出行為をしている人間が存在しません。その意味で「もっと」グレーゾーン、ダークゾーンに位置する物だと思う。

〔みなっち〕　それおかしいわよ。そんなこと言ってたら剪定しても枝に付いてる葉はいいけど、その間に落ちてしまった葉は運べなくなるじゃない。

### 5　清掃に許可はいらないけど、他人のごみを運ぶには許可がいる

〔BUNさん〕　そうくると思ってさっきの問題出した訳さ。落ち葉は落ちた時点で廃棄物。少なくとも掃き集める時点では廃棄物だよね。そして、その段階で事業活動を伴っていないから一般廃棄物ってことになる訳さ。

　もし、公園に落ちている紙くずや廃プラ、吸い殻、鉄屑こういった「ごみ」を掃き掃除だけならまだしも、公園の外に持ち出して運搬していることを考えたらどう思う？許可は要らないと思う？

〔みなっち〕　ん〜、それは必要だと思うわ。だからこそ、わざわざ一般廃棄物処理業、収集運搬業の許可制度ってある訳だし。はぁ〜、なんとも廃棄物処理法って難しい法律なんですねぇ。

〔BUNさん〕　今日は紋切り型に答えたけど、「落ち葉」は人が意図的に投棄した物じゃないだけに、現実に支障なければ各自治体で上手に運用しているかもしれない。また、「清掃廃棄物」もその管理責任の度合いとか、「解体廃棄物」における「建設工事等」の＜等＞の考え方とか微妙な点もあるしね。この部分はまたお勉強してみましょ。なお、実際に自分がこういった業務に関連するようなことがあれば、地元の自治体に確認してみてくださいね。

まとめノート

## 第7章　剪定枝と落ち葉は？

○ 街路樹を剪定して出てくる剪定枝も果樹の剪定枝も「事業系一般廃棄物」
　→　木くずが産廃となる業種は、建設業や木製品製造業であり、果樹栽培農業や、街路樹を剪定している造園業はこの業種に入っていない。
○ 街路樹を剪定した場合、剪定枝の排出者は、誰か
　→　管理者から委託を受けた元請けの剪定業者（剪定枝はその作業を行うことにより発生した廃棄物）。
　　元請けの剪定業者が、「排出者」となるから、出て来た剪定枝を自ら運搬することはかまわない。

○ 落ち葉は廃棄物か　→　一般廃棄物（事業活動を伴っていないから）
○ 落ち葉の排出者は誰か　→　施設の管理者
○ 施設内で廃棄物を集める作業は「清掃」の範疇（廃棄物処理法の許可不要）
○ 施設外で他人の廃棄物を運搬する作業は廃棄物処理法の許可必要
※ 剪定業者は、自分が剪定した剪定枝を運搬するには許可不要だが、落ち葉や吸い殻、ごみなどの運搬を行うには、廃棄物処理法の許可が必要

＜関係条文＞
法第2条第1項　（廃棄物の定義）
法第2条第4項各項及びこれを受けた政令第2条第2号　（産業廃棄物「木くず」の定義）
法第7条第1項　（一般廃棄物処理業許可）

［参考通知］
昭和57年通知、改正最終平成6年衛生第20号問14通知
平成6年通知、衛生82号、改正平成10年衛生51号通知

# 第8章

## メンテナンス廃棄物

「土日で入門」の中に「建設廃棄物」の事が載っていましたよね。「建築物の解体作業から発生する廃棄物の排出者は元請業者である。」ってことについて、もうちょっと詳しく教えてください。

うちの会社では設備のメンテナンスをしているんですけど、メンテナンスから発生する廃棄物の排出者は誰って考えていいですか？

具体的には電気工事をした時に出て来る廃電球、電線の切れ端。ボイラーを修繕した時に出て来る廃ブロアー、耐熱レンガの破片、煙突に付着したばいじん等です。

〔BUNさん〕 ん〜、痛いところついてきたね。「土日で入門」でも、ここのところは変に簡単に書いて誤解を生んじゃいけないと思ってあまり深くは書かなかったところなんです。

まず、この「メンテナンス廃棄物」って問題を検討する時には「建設廃棄物」と「清掃廃棄物」と「下取り廃棄物」について復習しておく必要がある。なぜかというと「排出者はだれか」が重要なポイントになるからね。

## 1 建設廃棄物、清掃廃棄物、下取り廃棄物の排出者はそれぞれ違う

〔みなっち〕 「建設廃棄物」、「清掃廃棄物」、「下取り廃棄物」、って廃棄物処理法で規定する20種類の産業廃棄物の分類じゃないわよね。じゃ、改めて説明して。

〔BUNさん〕 うん、法第2条で定義している分類じゃないけど、「建設廃棄物」については、平成22年の法改正で第21条の3で規定したし、「清掃廃棄物」、「下取り廃棄物」については「通知」も出ていてこの業界ではそれなりに知られた概念なんだ。「土日で入門」でもそれ

なりに紹介している。じゃ最初に、それぞれの排出者の概要を説明をするよ。もちろん「原則的に」ってことだから例外はあるけどね。

　まず、「建設廃棄物」の排出者は、元請業者であり、発注者（元々の所有者）や下請業者ではありません。

　次に「清掃廃棄物」と言うのは、ある行為を行う前から既に廃棄物として存在している廃棄物のことで、散らばっていたごみが掃除によって集められて一塊になったってイメージかな。この「掃除」「清掃」が清掃会社によって行われる場合、「事業活動」が伴っている。「事業活動」を伴っているもんだから、あたかも「その事業活動、すなわち掃除、清掃という事業を行った者が排出者ではないか。」との疑問が出る訳だけど、それは違う。そうやっちゃうと、「掃除」さえやれば、あらゆる廃棄物が、清掃会社が排出者になってしまう。だから、「清掃廃棄物」の排出者は、元々の排出者であり、清掃会社ではないって考え方。

　そして「下取り廃棄物」なんだけど、日本には商習慣として昔から「下取り」という行為がある。この「下取り」行為に伴って排出される場合、「下取り」が成立した以降は下取りした者が排出者の責任を果たす、すなわち排出者が転嫁するいう運用なんだ。ただ、「下取り」は運用が非常に微妙なんだ。

〔みなっち〕　ん～、よくわかんないけど、「土日で入門」なんて、買ってない人も多いんだから、重複してもいいから「建設廃棄物」から一個一個説明してみてちょうだい。

## 2　建設廃棄物の排出者

〔BUNさん〕　「建設廃棄物」は不法投棄の件数が一番多いんだけど、その一因として、発注者、元請、下請、孫請というように発注・受注形態が多重構造であるために、責任の所在が不明確になりやすいことが挙げられる。誰が責任を持って、廃棄物を処理するべきかがわかりにくいってことがあった。

　これについては、昭和の昔から度々、「元請が責任持って処理しなさい」との趣旨の通知はなされてきたんだけど、なかなか徹底できなかった。そこで、平成22年の法改正で、ついに「建設工事に伴い生ずる廃棄物の処理についての規定の適用については、元請業者を事業者とする。」旨規定したんだ。

〔みなっち〕　ふ～ん、それまではどんな風に運用されてたの？

〔BUNさん〕　旧厚生省は昭和57年2月に「建設廃棄物の処理の手引き」を出して、この中で「建設廃棄物の排出者は元請である」旨通知していた。10年以上はこの運用でやったんだけど、ある時、某建設会社が「下請でも排出事業者になれるんじゃないか」と裁判を起こしたんだね。

〔みなっち〕　「排出事業者になれるんじゃないか」なんて裁判、何が得になるの？

〔BUNさん〕　忘れちゃならない重要なポイント。排出者自らが自分の廃棄物処理する時は許可が要らないって運用さ。つまり、排出事業者になれるんなら、無許可を問われな

いってことになる。

〔みなっち〕　はっはぁ〜、なるほどねぇ。そして、その裁判の結果は？

〔BUNさん〕　高等裁判所まで行ったんだけど、某建設会社さんの勝訴。旧厚生省が負けちゃった。でも、全部が全部「下請も排出者です」って判決じゃない。いわゆる「区分一括下請の時は下請も排出者である」って内容だった。

〔みなっち〕　その「区分一括下請」っていうのはなんなの？

〔BUNさん〕　じゃ、ちょっと時間を遡って、今となっては既に廃止された通知なり、考え方なんだけど、「排出者は誰か？」を検討するに当たり、とても参考になる通知だから紹介しよう。

　この通知は、さっき話した裁判で厚生省が敗訴した結果を受けて出した通知で、「建設工事等から生じる産業廃棄物の処理に係る留意事項について」って題名なので「留意事項通知」って呼ばれてた。

　もう一つが平成2年に出された「建設廃棄物処理ガイドライン」（衛産37号）。これを「ガイドライン」って呼ぶね。この2つの通知はどちらも相応に長いんで、関係する箇所だけ抜き書きや概要で紹介するよ。「建設廃棄物」の排出者は誰かってことは、「留意事項通知」で次のように書いてあった。（表1）

---

**表1　「留意事項通知」抜粋**

1　建設工事における排出事業者の範囲等について

　(1)建設工事を発注者Aから請け負った建設業者（元請業者）Bは、当該建設工事から生じる産業廃棄物の排出事業者に該当することから、…（以下略）

　(2)ただし、元請業者Bが他の建設業者（下請業者）Cに対し、例えば

　　① 当該建設工事の全部を一括して請け負わせる場合

　　又は、

　　② 当該建設工事のうち他の部分が施工される期間とは明確に段階が画される期間に施工される工事のみを一括して請け負わせる場合

　　であって

　　　ⅰ　Bが自ら総合的に企画、調整及び指導を行っていると認められるときは、B及びCが排出事業者に該当すること

　　　ⅱ　Bが自ら総合的に企画、調整及び指導を行っていると認められないときは、Cが排出事業者に該当すること

　（中略）

　(3)なお、Cが排出事業者に該当する場合（(2)①及び②ⅱ）については、建設業法第22条の規定が適用され、このような形態の請負は原則として禁止されていることに留意すること。

---

〔みなっち〕　えーっと、「建設工事における排出事業者の範囲等について」で始まる表ね。

〔BUNさん〕　と、まぁ、このように原則は「建設工事における排出事業者は元請業者であ

る。」だよね。

〔みなっち〕　身も蓋もないわね。これだと今も昔も同じ事なんじゃないの？

〔BUNさん〕　「メンテナンス廃棄物」ってことを検討するには、さらに突っ込んで考えないとなかなか線引きできないところがある。続きを見て。

〔みなっち〕　それはどういうこと？

〔BUNさん〕　「留意事項通知」で、原則は「排出事業者は元請業者」って書いているけど、「区分一括発注」や「工事の管理形態」によりこの原則以外のケースがあることも書いてある。また、「排出事業者は元請業者」って書いているのはあくまでも「建設工事における」である訳だ。改めて考えると「建設工事」ってなに？ってこともある。質問者が聞いている「メンテナンス」って「建設工事」に該当するのか？ってことが出て来ちゃうね。

## 3　平成6年から22年までの運用は

〔みなっち〕　なんか、段々深みに入って行く感じねぇ。じゃ、それも一個一個いきますか。まずは、「区分一括発注」、「工事の管理形態」について説明して。

〔BUNさん〕　もう一度表1の「留意事項通知」を見てね。

(1)で「排出事業者は元請業者」と言ってる。

飛んで(3)で言ってることは、建設業法で規定するいわゆる「丸投げ禁止」ってこと。いくら廃棄物処理法で合法と言っても、現実的には建設業法に違反するようなことはできない訳だから、(2)②ⅰの時だけが原則である「排出事業者は元請業者」でないケースとなる。(2)②ⅰが「区分一括発注」の場合であり、その時の「工事の管理形態」を示しているね。

〔みなっち〕　この形態って具体的にはどういうのがあるのかしら？

〔BUNさん〕　例えば、一軒の家全体の建築を㈱日環建設ってところが請け負ったとする。しかし、「壁塗り」は㈲四谷壁屋に、「電気工事」は㈲川崎電気設備に工事をさせるとする。家全体の建築にあたっては、㈱日環建設が工事監理を行っているけど、「壁塗り」は㈲四谷壁屋に、「電気工事」は㈲川崎電気設備に一括して請け負わせるってパターンだね。こ

ういった形態は実際の建築工事ではよくあることで、壁塗りや電気工事といった施工は他の工程とは明確に区別つけられる場合が多い。こういった時は、壁塗り工程から発生する産廃は壁屋が、また、電気工事から発生した産廃は電気設備工事店が排出者になれるっ運用だったんだ。もちろん、元請である㈱日環建設＜も＞排出者になれた（正確には「元請及び下請が排出者」）。

これは、新築工事を例にとったけど、今回の質問である「メンテナンス」などは、まさにこの形態による場合が多いかもしれないね。このケースの場合、元請も排出者になれる

し、下請も排出者になれた。じゃ、このことは、便利なことばかりかと言うと、一方で「排出者責任はどこにあるか」ってことが、あいまいになってしまうって点も出て来てしまうね。だからこそ、平成22年の改正に結びついた訳だけどね。

〔みなっち〕　なるほどね。「排出者だから許可は要らないよ」って観点からは「排出者になりたい」ってこともあるかもしれないけど、不法投棄事件に巻き込まれて「排出者責任」を問われる立場にもなりえるってこと考えると、得なのか損なのかわかんないわね。

〔BUNさん〕　まぁ、こういったあいまいさ、責任所在の不明確さを避けるために、前述の裁判結果を法律でフォローして、「建設廃棄物の排出者は元請」と第21条の3で規定しちゃったって訳。だから、今は、「区分一括下請」であっても、下請は排出者とはなれず、全て元請が排出事業者ってことにしたんだね。ただ、ここまでの運用で、一つ注目して欲しいことがある。

〔みなっち〕　注目点ってなに？

〔BUNさん〕　それはね、「排出者は必ずしも単独とは限らない。複数存在する場合もある」ってこと。

〔みなっち〕　そうかぁ。「留意事項通知」では「区分一括下請のときは下請も、元請も排出事業者」って運用してきていたんだもんね。言われてみると目から鱗ね。

　じゃ、次の「建設工事とは」を説明して。


### 4　建設工事とは工作物を

〔BUNさん〕　「建設工事とは」は直接定義はしていないんだけど、ガイドラインの冒頭で次のように記載している。

---

1　総則　1．1　目的
本指針は、工作物の建設工事及び解体工事（改修工事を含む。）に伴って生ずる廃棄物（以下「建設廃棄物」という。）について、…（以下略）

---

そして、「建設廃棄物」については、

---

1．2　用語
⑶「建設廃棄物」とは、建設工事等に伴って生ずる廃棄物をいう。

---

とある。また、廃棄物処理法政令でも産業廃棄物の「紙くず」「木くず」「繊維くず」の定義に「工作物の新築、改築、除去に伴って発生する…」ってフレーズも出てくるから、「建設工事」とは「工作物の新築、改築、除去」なんだろうなぁと推測される。

〔みなっち〕　散々気を持たせた割合には、あたりまえっちゃあたりまえねぇ。これが「メ

ンテナンス」廃棄物を考える上で、そんなに重大なことなの？

〔BUNさん〕　実はこの「工作物」ってところが一つのポイントなんだなぁ。工作物については、ガイドラインで次のように定義している。

---

(5) 工作物とは、人為的な労作を加えることにより、通常、土地に固定して設置されたものをいう。

---

〔みなっち〕　んっ？なにがポイントか訳がわかんなくなっちゃった。ここまで整理してくれない。

〔BUNさん〕

(1) 建設工事において発生する産廃の排出者は原則、元請業者

(1)' この逆説として「建設工事については、元請業者と言っているが、建設工事でなければ排出者は元請業者と言っていない。」とも言える。

(2) 建設工事とは、（たぶん）「工作物の新築、改築、除去」

(2)' と言うことは「対象物が＜工作物＞でなければ、ここで言う＜建設工事＞にはあたらない。

したがって、対象物が工作物でない場合は、排出者は元請業者とは必ずしも言えない。」とも言える。

(3) ここで確認。「工作物とは、人為的な労作を加えることにより、通常、土地に固定して設置されたもの。」と、なる訳さ。

これであきらかなように、簡単に持ち運びできるような器具なんかは、いくら「修繕」「修理」「解体」の作業に「元請」と「下請」の関係があったとしても、対象物が工作物でなければそこで発生する廃棄物の排出者は「必ずしも」元請であるとは言えないってことだね。

〔みなっち〕　と言うことは、家などの「土地に固定して設置されたもの」を、解体とか改修する時に発生する産廃の排出者は「元請業者」だけど、家電などを解体とか改修する時に発生する産廃の排出者は「元請業者」に限ったものではないってこと？

〔BUNさん〕　そういうことになるかな。

改めて考えると「建設廃棄物」はなかなか難しく、グレーゾーンも多いねぇ。平成22年の法律改正の時も「建設廃棄物とはどのようなものか？」とパブコメの段階から質問が出されていて、環境省もQ&Aなどを出したけど、結局のところはここまでで説明した概念に落ち着いているような感じだね。

### 5　工作物でない物の解体や改修の排出者は

〔みなっち〕　じゃ、そういう「土地に固定して設置されたもので<u>ない物</u>」の解体とか改修する時に発生する産廃の排出者は誰ってことになるの?

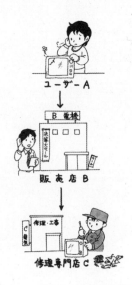

〔BUNさん〕　考え方はいろいろあると思うけど、一つは「元請とは限らない」ってことで、これは「区分一括発注」の考え方でもやったように、直接その事業活動を行った者が排出者ってことも<u>ありえる。</u>

　例えば、家電製品のユーザーAさんは、壊れた家電をその家電を購入した販売店Bに修理を依頼した。販売店Bは修理を修理専門店Cに下請けに出した。Cは壊れていた部品を交換した。当然、壊れている古い部品が廃棄物として排出される。

　このケースでは、Aは発注者、Bが元請、Cは下請の関係になるから、もし、「建設廃棄物」なら廃棄物となった古い部品の排出者はBの販売店ってことになっちゃうよね。そうなったら、Cは自分で取り出した古い部品を始末する時に許可が必要ってことになってしまう。でも、建設廃棄物以外の場合は明確には規定していないから、このケースではCが排出者となっても構わないと思う。まさに「修理という事業活動に伴って発生した廃棄物」なんだから「修理という事業活動を行った」Cが排出者って考え方だね。

　また、修理専門店は修理が終わった製品と交換した古い部品を一緒に販売店に届けて、販売店はユーザーには製品だけを返して、古い部品は自分が排出者になって処理することも構わないと思う。これは「建設廃棄物」の「元請」が責任を持つって考え方と同じだね。さらに、ここからは「清掃廃棄物」にも関係してくるところなんだけど、販売店はユーザーに製品とともに古い部品を返して、ユーザーが排出者になっても構わないと思う。

〔みなっち〕　う～ん、一般ユーザーのみなっちとしては、古い部品返されても困るけどなぁ。

〔BUNさん〕　そうだね。ここまで来るとちょっと現実離れしてくるかな。でも、大きな機械のメンテナンスなんかではないことじゃないないんだよ。

　ちょっと復習すると「建設廃棄物」なら、排出者は「元請業者」ってなる。また、「清掃廃棄物」なら排出者は「元々の排出者」ってことだったね。そして、なぜこんなに「誰が排出者か」ってこだわるかと言うと…

〔みなっち〕　それは、わかったわ。廃棄物を運ぶだけでも、自分の廃棄物でなければ許可がいる。排出者であれば、許可は要らないってことだったよね。

### 6　建設工事の範疇では無いものを一緒には

〔BUNさん〕　そうだね。じゃ、原点に帰って、質問者の具体的な案件を見てみようか。い

ろいろあったけど、簡潔に書くと次のようになるかな。焼却炉の耐熱レンガの交換工事等
の時に発生するレンガくずなどは誰が排出者かってことだったね。実は、これに関する疑
義回答があるんだ。

---

［昭和57年通知、改正最終平成6年衛産第20号問4通知］
問　炉の補修工事に伴って生じた不要なレンガくずはなにか。
答　建設廃材（その後の政令の改正により現在の表現は「がれき類」）である。

---

　この疑義回答では「補修工事」で発生する物体を「建設廃材」って答ていることから推
察するに、「炉の補修工事」と言うのも「建設工事の範疇」「工作物の新築、改築、除去の
範疇」と捕らえていると思うね。だから、この場合の排出者は「元請」と捕らえることが
できる。これは「建設廃棄物」の考え方、そのものだね。ところが、現実はなかなかこの
理論どおりにはいかないんだね。

〔みなっち〕　それはどういうこと？

〔BUNさん〕　「焼却炉の修理ったって、誰が塵一つも無い状態にしてから修理を依頼する
かよ。炉内には灰は溜っているしレンガを代える時には、既に崩れ落ちたレンガの破片
だって落ちてるし。」ってなところじゃないでしょうかねぇ。

〔みなっち〕　そりゃ、そのとおりよね。こんなのは一緒に処理しちゃだめなの？

〔BUNさん〕　次の疑義応答も読んでみて。

---

［昭和57年通知、改正最終平成6年衛産第20号問15通知］
問　事業者Aが発生させていた産業廃棄物X及び建設業者Bが建設工事に伴って生じさせた産
　　業廃棄物Yがいずれも建設工事の現場からBにより搬出される場合、いずれの産業廃棄物
　　も排出者はBであるとしてよいか。
答　Xの排出者はAでありYの排出者はBである。建設工事に伴って生ずる廃棄物には建設工
　　事を行う以前から発生していた産業廃棄物は含まれないことに留意されたい。

---

〔みなっち〕　この問15だけを見れば「当然」って感じで、なんでこんなことわざわざ聞く
の？って思うわね。でも、さっきの炉の補修工事の話を聞いたら、なんでこんなことが疑
義応答になったかもわかるなぁ。「事業者Aが発生させていた産業廃棄物X」と言うのが
炉の補修工事に入る前に既に存在していた「崩れ落ちたレンガくず」、「建設業者Bが建設
工事に伴って生じさせた産業廃棄物Y」と言うのが「補修工事業者が補修工事で発生する
レンガくず」ってことね。たしかに、補修工事が終了したときに、一緒に補修工事業者が
運び出してだめか？って聞きたくなるわねぇ。

## 7　清掃廃棄物は清掃業者が排出者ではないから

〔BUNさん〕　これこそ、質問者の「お悩み」だったと思うね。だめ押しのようになるけど、「清掃廃棄物」として一番有名な疑義応答通知やその他の関連通知をもう一度紹介するね。
　次の3つの通知を見て。

---

［昭和57年通知、改正最終平成6年衛産第20号問14通知］
問　清掃業者が事業場の清掃を行った後に生ずる産業廃棄物について、その排出者は清掃業者であると解してよいか。
答　当該産業廃棄物の排出者は事業場の設置者又は管理者である。清掃業者は清掃する前から事業場に発生していた産業廃棄物を一定の場所に集中させる行為をしたにすぎず、清掃業者が産業廃棄物を発生させたものではない。

［昭和54年通知、改正最終平成10年衛産第37号問31通知］
問　建築物の清掃業者が清掃後の廃棄物を処理する場合当該業者は廃棄物処理業の許可が必要と解するがどうか。
答　お見込みのとおり

［平成5年通知、改正最終平成6年衛産第93号問12通知］
問　下水道管理者から下水管渠の清掃を委託された者が清掃に伴って排出された汚泥を自ら運搬する場合、当該者は収集運搬業の許可が必要であると解してよいか。
答　お見込みのとおり

---

と、まぁ、このように現実的になかなか妙案がなかったってこともあるかと思うけど、何回も同じような事項について疑義応答しているし、何回も通知の改正を行ったけど「概念を変える」「方針転換」ということはなかったんだね。これは、廃棄物処理法の根幹、つまり「排出者は誰か」「許可制度」ってことに直接結び付くことだったんで、どこかでは線を引かなくちゃなんないってことなんだろうと思うね。
〔みなっち〕　たしかに、ちょっと廃棄物を動かしただけで、排出者が違う人物になっちゃう、許可なくてもいいんだってことになっちゃったら、廃棄物処理法の中で許可制度を設けている意味がなくなっちゃうもんねぇ。でも、この「清掃廃棄物」の概念がわかればわかるほど、そして「建設廃棄物」がわかるほど、「じゃ、メンテナンスから出てくる廃棄物はどう考えればいいんだ。」ってことがますますわかんなくなってきちゃう。
〔BUNさん〕　結論は後でもう一度復習しながらまとめるとして、もう一つの概念。「下取り」について、触れておかないと「メンテナンス廃棄物」の話は完結できないんだ。

## 8　下取り廃棄物は例外中の例外

〔みなっち〕　もっと、ややこしくなるの？もう勘弁して欲しいわ。
〔BUNさん〕　まぁ、「下取り」はあまり多用して欲しくないパターンで、これは廃棄物処

理法における「例外中の例外」なんだけど、近年、特にいろんなシーンで登場するように
なっちゃったね。とりあえず次の疑義応答通知見てちょうだい。

---

[昭和52年通知、改正最終平成10年衛環第37号問29通知]（次頁下段「注）」参照）

問　いわゆる下取り行為には収集運搬業の許可が必要か。

答　新しい製品を販売する際に商習慣として同種の製品で使用済のものを無償で引取り、収
　　集運搬にかかる下取り行為については、収集運搬業の許可は不要である。

---

　まぁ、よくあるのがファンヒータが壊れたので、新
しいのを買って届けてもらったついでに家電販売店に
壊れた古いファンヒータを引取ってもらった、なんて
時だね。

〔みなっち〕　なるほどね。家電製品に限らずガスレンジとかタンス、応接セットとかも、
普通の家庭に古い壊れた物を置かれていっても困るし、この行為は確かに昔から行われて
たわね。その時、いちいち販売店が廃棄物処理法の許可が必要だって言われても困るしね。
（なお、平成13年からは、テレビや洗濯機等4品目の廃家電は家電リサイクル法により別個
に規定されています。）

　これ、何が問題なの？なにも問題無いんじゃないの？

〔BUNさん〕　ところが、これは廃棄物処理法上は非常に問題、どうにも理由が立たないけ
ど、現状追認みたいな取扱いなんだなぁ。と言うのは、建設廃棄物や清掃廃棄物について、
なんでこんなに細々としたことを説明してきたかと言えば「誰が排出者か」ってことを明
確にしなくちゃなんなかったし、それは「無許可行為をしないために」だったはずだよね。
この「下取り」ってケースはみなっちはどう考える？

〔みなっち〕　う～ん、言われて見れば、排出者は元々の使用者、所有者であるユーザーで
あるのは間違いない。そして、この「下取り」ってケースでは、販売者や製造者は解体や
修理をしている訳じゃないから「事業活動に伴ってその廃棄物を発生させた」ってことで
もない。したがって、建設廃棄物のように元請業者や実際にその事業に携わったので、排
出者になるって訳でもないわよね。それにたしか「廃棄物」って0円でも「廃棄物」だっ
たわよね。こうなると、「下取り」って少なくとも収集運搬の許可は必要なんじゃないか
なぁってなるよね。

〔BUNさん〕　そう、だから「下取り」は廃棄物処理法における「例外中の例外」って思っ
た方がいいね。ただ、「下取り」もいい面はあるんだ。なぜかって言うと、「排出者は発注
者」ってがんじがらめに運用すれば、もし発注者が一般家庭だとすると「排出される廃棄
物は一般廃棄物」になってしまい、市町村に処理責任が発生してしまう。（なお、誤解な
いように念押ししておくけど、市町村に処理責任ってことは「なんでもかんでもただで市

町村で引き受けろ」ってことじゃないからね。まぁ、これについてはまた別の機会に説明しましょ。）

　と言うことで、市町村の焼却炉や埋立地で処理しきれない物まで市町村に処理を押し付けるよりは、本来その物（廃棄物になってしまった廃部品）の性状や取扱いを知っていて、それなりの処理ルートを確保している販売店や製造者の産業廃棄物としての処理ルートを使いたいって事情があるんだと思う。この「廃棄製品の処理は本来その物の性状や取扱いに精通している製造・販売者に処理を任せたい」という考えは、最近の廃棄物処理法改正で段々間口を広げてきている「大臣認定制度」にも共通するもんだね。だから、「下取り」は上手く良心的に活用されているぶんには、とてもいい制度でもあるんだ。

　市町村の立場としては「そう言った特殊な物は、販売店、メンテナンス会社に下取りしてもらってください。そうすれば販売店、メンテナンス会社が排出者となって産業廃棄物として処理されますから。」と言ってると思う。

〔みなっち〕　そんなにいいことだったら、なんでも「下取り」にしてもらえばいいんじゃない？また、逆に「もし、販売店が下取りを拒否したら」って状態のときはどのようになるの。

〔BUNさん〕　それは疑義応答通知で言ってる「下取り」の概念にあたらないね。だって、当事者の一方が拒否するってことは「商習慣」としては成立していないってことだもん。「下取り」って、「例外中の例外」だから、実は成立する条件はすごく限定している。もう一度さっきの通知を分解して考えてみましょうか。

---

「新しい製品を販売する際に商習慣として同種の製品で使用済のものを無償で引取り、収集運搬にかかる下取り行為については、収集運搬業の許可は不要である。」

---

① 「新しい製品を販売する際」→ 行為の時期を限定。
② 「商習慣として」→ 社会的に「習慣」と見なされる行為に限定。
③ 「同種の製品で使用済のもの」→ 物品を限定。
④ 「無償で」→ 処理料金を限定。
⑤ 「収集運搬にかかる」→ 処理の行為を収集運搬に限定。

と言うことで「下取り」と見なされるケースは極めて限定されていると言えるでしょ。

---

注）環境省は規制改革会議の提言を受け、平成21年の会議の席で、「下取りは必ずしも新しい製品を販売する際でなくともよい」旨表明したが、公文書による通知の発出もなく、また、時期が限定されないことは脱法的運用も懸念されることから、多くの自治体では今でも「社会通念上、新しい製品の販売と判断される範囲」として運用してきている。
　なお、「下取り」について、直近では令和2年3月30日通知（通称）「許可事務通知」の中で同様に表現している。

---

〔みなっち〕　なるほどね。そりゃ、そうだわね。本来なら許可が要るって行為を許可なくてもいいよってしてるんだもん、相当厳密にしておかないとね。ところで、この「下取り」がどう「メンテナンス廃棄物」にかかわってくるの？

## 9　メンテナンス廃棄物は清掃廃棄物と建設廃棄物と下取りの要素が

〔BUNさん〕　メンテナンスの場合は、壊れた部品の交換なんかがあり、それが極めて簡単な作業であったり、既にユーザーが交換してたりした場合、例の「清掃廃棄物」の概念が出てくる。すると、それは元々の排出者（所有者）の廃棄物であることから、勝手には扱えなくなるよね。でも、同一の部品の交換等で「商習慣」となっている行為の範疇なら「下取り」として、収集運搬業の許可は不要として扱える訳だ。

〔みなっち〕　ん～、難しい。繰り返しになるけど、ボイラーや焼却炉の修理から発生する廃棄物の排出者は誰か。例えば主炉の修繕では耐熱レンガや耐熱レンガのかけら、当然それが砕けた粉、それに混じる灰。排煙設備の修繕では古いバグフィルター、それに付着した煤塵。こういった「物」は誰が排出者って考えればいいのかしらねぇ。現実問題、どう対処したらいいの？

〔BUNさん〕　逃げる訳じゃないけど、社会常識の範囲で「できる限り」としか回答できないね。

　第1回で話した「総体物と混在物」の話になるんだけど、例えばバグフィルターと煤塵の場合、「バグフィルターが設置してある場所で通常できる程度にススを払った」この状態であれば、工事の元請けとして工務店が排出者となってもいいし、新しいバグフィルターを納入する会社なら「下取り」として引受けてもいいだろうねぇ。

　また、ボイラーが極めて小型で「工作物」と見なされない物なら、必ずしも元請業者でなくとも、直接その作業を行う者が排出者ともなり得ると思う。

　一方、バグフィルターに直接付着していない、例えば既に集塵されてコンテナに集められている煤塵とか、バグフィルターとは全く別の箇所である煙突に付着している煤塵は元々のボイラーの設置者の廃棄物だと判断されるから、メンテナンス会社や新品バグフィルター納入会社が収集運搬したりすることはだめだね。

　排出事業者責任に関して、ある判決文の中で、「産業廃棄物が、ある事業者の事業活動に伴って排出されたものと評価できるかどうかは、結局、当該事業者が当該廃棄物を排出した主体とみることができるかどうか、換言すれば、その事業者が当該産業廃棄物を排出する仕事を支配、管理しているということができるかどうかの問題に帰着する」とされている。

　つまり、廃棄物を排出する仕事（事業）を支配・管理している主体が排出事業者になるとされており、この考え方は、廃棄物を排出する事業を支配している者が一番発生抑制、分別等を行い易いことから、循環型社会形成の上でも妥当なものと考えられるんだなぁ。

　これを極めて簡潔に言い表すと「排出者とは、一塊、一括の仕事（事業）を支配・管理している存在」となるね。

　ここで、発想を転換することも必要だよね。「やっちゃ悪い」って言ってる訳じゃないんだ。「やるんだったら、許可を取ってやってください。」な訳だね。建設業界は下請け行為が多いことから、結構多くの建設業者さんが、既に産廃の許可を取ってるよ。

　だから、メンテナンス業界も、もし、「一緒に持って行ってくれ」という需要が多いようだったら、産業廃棄物処理業の許可を取得することをお奨めするね。新たなビジネスにも繋がる訳だし。

〔みなっち〕　そうねぇ。現実は理論どおりには行かないってことね。かといって廃棄物処理法違反で捕まる訳にもいかないから、「できる限り」のことはしておいて、それでも疑問があったら具体的に行政の窓口に相談して、グレーゾーンなら産廃の許可とっちゃうってことも選択肢の一つってとこかな。(^o^) /~~~

---

まとめノート

## 第8章　メンテナンス廃棄物

1. 建設廃棄物の排出者は工事の元請業者
2. 以前は「区分一括発注」時は「下請も排出者」として運用していたが、平成22年の法改正により、この運用はなくなった。しかし、この概念は注目すべき要因が多い。
3. 「建設廃棄物」とは工作物の建設工事及び解体工事（改修工事を含む。）に伴って生ずる廃棄物
4. 工作物とは、人為的な労作を加えることにより、通常、土地に固定して設置されたもの。
5. 「元請が排出者」の原則は建設廃棄物の場合であり、建設廃棄物でない場合には排出者は元請とは限らない。
6. 工作物でない物の「解体」「除去」等に伴い排出される廃棄物の排出者は、その事業活動を行なった者となる場合もある（そうしている場合が多い）。
7. 排出者は複数存在する場合もあり得る。単独とは限らない。
8. その行動を行なう前に既に存在している廃棄物は「清掃廃棄物」の概念で捉える。「清掃廃棄物」の排出者は、元々の排出者であり、清掃会社ではない。
9. 簡単な「改修」で発生する廃棄物は、そもそも存在していた「清掃廃棄物」と考えられる場合もある。

10. 「下取り」として許可が不要とされるケースは極めて限定されている
　　① 「新しい製品を販売する際」→行為の時期を限定。
　　② 「商習慣として」→社会的に「習慣」と見なされる行為に限定。
　　③ 「同種の製品で使用済のもの」→物品を限定。
　　④ 「無償で」→処理料金を限定。
　　⑤ 「収集運搬にかかる」→処理の行為を収集運搬に限定。
11. メンテナンスに伴って発生する廃棄物は、「建設廃棄物」、「清掃廃棄物」、「下取り廃棄物」として考えられる場合が有り得る。
12. 産業廃棄物処理業の許可の取得も選択肢の一つ。

＜関係条文＞
法第2条第4項及びこれを受けた政令第2条第1号.第2号,第3号,第7号,第9号
（産業廃棄物のうち「工作物の新築、改築、除去に伴って生じた」と限定している物の定義）
法第14条各項（産業廃棄物処理業許可）
法第21条の3各項（建設工事に伴い生ずる廃棄物の処理に関する例外）

＜参考通知＞
平成23年通知（環廃対発第110207004号、環廃産発第110207001号）
平成23年通知（環廃対発第110207005号、環廃産発第110207002号）
平成23年通知（環廃産第110329004号）
令和2年3月30日通知（環循規発第2003301号）

＜参考廃止通知＞
平成6年通知（衛産82号、改正平成10年衛産51号）
平成2年通知「建設廃棄物処理ガイドライン」（衛産37号）
昭和57年通知、改正最終平成6年衛産第20号問4、問14、問15通知
昭和54年通知、改正最終平成10年衛産第37号問31通知
平成5年通知、改正最終平成6年衛産第93号問12通知
昭和52年通知、改正最終平成10年衛環第37号問29通知

**8**

メンテナンス廃棄物

# 第9章

## 一廃リサイクル許可

見出し

1 一般廃棄物処理業の許可は
2 一般廃棄物の処理は市町村の自治事務
3 「処理計画に適合」と「処理が困難であること」
4 「リサイクルはよいこと」でも一廃処理のリスクが
5 「一般廃棄物処理計画」にリサイクルを位置付け
6 再生利用指定制度

質問 ？　廃棄物処理法における一般廃棄物処理業の許可の考え方がいま一つよくわかりません。一般廃棄物を原料として、リサイクル事業を民間で行うにはどうしたらよいのでしょうか？

〔みなっち〕　「土日で入門」でも、一般廃棄物の処理については、例示も多くして結構説明していますよね。でも、確かに一般廃棄物の処理ってわかっているようでわからないところも多いような気がする。そもそもどうしてそんな風になっちゃったのかしらねぇ。

## 1　一般廃棄物処理業の許可は

〔BUNさん〕　一般廃棄物を原料とするリサイクル事業は、「リサイクル」と言っても廃棄物の処理を行っている訳だから、一般廃棄物処理業の許可が必要だってことは、わかるよね？

　じゃ、まずとっかかりとして一般廃棄物処理業の許可の条件を復習してみようか。なんだっけ。

〔みなっち〕　たしか、産廃の許可と同じ要件が2つあって、その1つは人的要件、あと1つが施設要件ね。一般廃棄物特有なのが、1つは「市町村の処理計画に適合すること」とあと1つが「市町村による処理が困難であること」だったわね。

〔BUNさん〕　そうだね。そのことでわかるとおり、一般廃棄物処理業の許可っていうのはねぇ、市町村の「一般廃棄物処理計画」って問題を避けてとおれない。産業廃棄物の許可なら、許可申請する業者側で条件が揃えばいくらでもできること。しかし、一般廃棄物処理業の許可は、市町村で策定している「一般廃棄物処理計画」に適合しなければならな

い。だから、申請する側は全く同じ状態であったとしても、あるA市の「一般廃棄物処理計画」に適合していなければ「不許可」になるし、別のB町の「一般廃棄物処理計画」に適合していれば「許可」にもなり得る。まぁ、言い方は悪いけど「どうにでもなる」、法律用語で言えば「裁量権のとても広い」行政行為になっちゃうんだなぁ。だから、申請者側に立って見ると、なんとなく不平等な、公平性を欠くような感じを受けてしまうと思うんだ。

## 2 一般廃棄物の処理は市町村の自治事務

〔みなっち〕 ん〜、ますますわからないわね。最初から説明してみて。

〔BUNさん〕 日環センターの「廃棄物処理法の解説」にも書いてあるけど、そもそも一般廃棄物の処理ってことに関しては、昔で言う市町村の固有事務、地方分権一括法ができてからは自治事務っていうやつだね。だから、市町村の裁量がとても大きい分野なんだ。

最近では「許可には裁量はない」との解釈もあるけど、そもそも許可の条件として「処理計画への適合」とある。そして、「処理計画」はその市町村の考え、施策、方針の下に策定される訳だから、「一般廃棄物処理業の許可は市町村の考えに大きく影響される。」という現実には変わりないって言えるね。

世の中には「どうしてもやらなければならないこと」と「やった方がいいこと」と「やってはいけない」ことってレベルがあると思うんだけど、市町村におけるリサイクルの位置付けって「やった方がいいこと」のレベルのような感じがする。

これが、「どうしてもやらなければならないこと」か「やってはいけない」ことなら、事態は進むと思う。でも、「やった方がいいこと」逆をかえせば「やらなくてもいいこと」となるとなかなか進みずらいことなんだなぁ。しかもそれは自治事務であるために、国や都道府県としてはなかなか口出しはしにくいことなんだ。

〔みなっち〕 自治事務ねぇ。それってどう言う意味で難しいの？

〔BUNさん〕 この分野が難しいのは、市町村に対する国や都道府県のポジションってこともあるような気がするね。一般廃棄物の処理に関しては、国や都道府県は市町村に対しては「助言」、廃棄物処理法の表現では「技術的な援助」をする立場でしかないから、よほど間違ったことでもしてるか、市町村の方から聞いてきてくれないと国や都道府県からは言い出しにくいような関係になってしまっている。もちろん、市町村の職員でもすごく勉強している人はいるけど、この問題は一職員だけの問題じゃなく市町村全体として方針を打ち出すってとこまでいかないとなかなか踏み切れない。当然ながら、そのことをよく理解して立案できる知識を持っている職員がいなければ現実には動きようがない。国や県が積極的に乗り出す業務なら、指摘、指導されて動くってこともあるかもしれないけど、前述のとおり、それがなかなかやれない分野だからねぇ。

〔みなっち〕 もっと具体的に説明してよ。

〔BUNさん〕　じゃ、具体的に、一般廃棄物の典型的な物として家庭から毎日出てくる「生ごみ」について考えよう。特に都市部で出される生ごみは一日たりともその処理が滞れば、大変なことになってしまう。このことは説明するまでもないよね。

〔みなっち〕　それはわかるわ。収集日のはずが収集されなかったら、腐敗臭はしてくるし、野良猫や鳥がよってきて大変だし、年末年始で収集がない日が続いたりすると台所がごみであふれちゃうもの。

〔BUNさん〕　そうだね。田舎ならいざしらず、今や都市部では生ごみの処理はかかせないものになってしまった。このごみ処理を産廃と同じように「排出者責任」というように、一人一人の国民の責任としたらどうだろう？

〔みなっち〕　それも困るわね。いくら「責任」と言われても一人一人の国民には焼却炉や埋立地がある訳じゃないし。だからこそ、一人一人が経費を負担している税金で対応するって意味で地方自治体である市町村の責務と規定している訳でしょ。

〔BUNさん〕　そうそう。ここまでのことは「土日で入門」に書いてあることだね。だから、市町村では税金を使って、ごみを処理するのに必要な受け皿、すなわち焼却炉とか埋立地ってことになるんだけど、それを整備してきている訳だ。そこで、その処理施設の規模だけど、どの程度が適当だと思う？

〔みなっち〕　そりゃ、当然「必要最低限」って言うのが「公共」の建前ってことじゃないの。3万人しかいない市で5万人分の焼却炉を作っちゃったなんて言ったら、それこそ「税金の無駄遣い」って非難されちゃうわ。

〔BUNさん〕　じゃ、2万人分の焼却炉だったらどうだい。

〔みなっち〕　それじゃ、1万人分のごみが溢れちゃうじゃない。だから「必要最低限」3万人なら3万人分の能力なのよ。

## 3　「処理計画に適合」と「処理が困難であること」

〔BUNさん〕　そう、そのとおり。実はこのことが今日の質問にはおおいに関係するところなんだ。さて、そのことを確認した上で次のステップ。産業廃棄物の許可には無い一般廃棄物処理業の許可の条件をもう一度言ってみて。

〔みなっち〕　「市町村の処理計画に適合すること」と「市町村による処理が困難であること」ね。

〔BUNさん〕　そう、そのとおり。これは量的なこともあるけど質的なこともある訳だね。

具体的な例としては、市町村が3万人の人口に合うように焼却炉を整備した。とすると、焼却する「ごみ」については、民間が入り込める余地は無いってことになるね。今まではこのことが大原則

うちの町は
焼却炉と
埋立地で
人口分を
まかなえる
からねぇ..

生ゴミ
リサイクル

だった訳だ。整理するよ。

　市町村はごみ処理が困らないように、受け皿である処理施設を整備する責務がある。

　困らないように整備したのであるから、「困った時にしかしてはいけない民間への許可」はあり得ない。

　ってことになる。

〔みなっち〕　ん〜、確かに禅問答みたいな「卵が先か鶏が先か」みたいな理論になるわね。でも、この理論からいけば、一般廃棄物には民間業者の許可なんて「あり得ない」ってことにもなるわね。でも、現実には「許可業者」って規定もあるし、存在してる訳だしね。

〔BUNさん〕　うん、そのとおり。ここで次のステップにいく訳ね。「処理が困難」の定義になる訳だ。「土日で入門」ではわかりやすいように「量」の点から書いてね。2万人分の処理施設は整備していたけど、急激な人口増加によって3万人分が必要となり、したがって1万人分を民間に許可するって例だね。

　でも、これはさっきも書いたとおり、「処理が困難」ってことは単に量だけの問題ではなく質の問題も出てくる。例えば大型のスプリングマットや自家用車のタイヤだって家庭から排出されれば、一般廃棄物ってことになる。一般廃棄物である限り、廃棄物処理法の建前では市町村はそれを処理する義務がある。市町村の立場としては「義務があるって言われたって、そんな物処理できないよ。…」と言いたいところではあるだろうけど、じゃ、一般国民としては市町村に受取りを拒絶されたら、持って行き場がなくなる訳だから、いつまでも保管し続けるか、不法投棄でもしなくちゃ処分する方法がないってことになってしまう。まぁ、今のは極端な例だけど、こういった分野では民間の「業許可」ってあり得ることがわかる。

〔みなっち〕　なるほど。一昔前の市町村の処理施設って言えば、焼却施設と埋立地位だったものね。「処理が困難」ってことは量だけではなく質にも言えるって意味わかったわ。

## 4　「リサイクルはよいこと」でも一廃処理のリスクが

〔BUNさん〕　さぁ、いよいよ質問の「一般廃棄物を原料とするリサイクル事業は民間では不可能なのでしょうか？」この部分に入るよ。まぁ、わかりやすいようにこの「リサイクル事業」っていうのを「生ゴミの堆肥化」としようか。復習にもなるけど、整理をしながら進めるよ。

　さて、ある民間の事業者が市役所に来ました。「私は生ゴミを堆肥化するリサイクル事業を行いたい。ついては、一般廃棄物の処理業の許可をください。」

　さぁ、みなっちはどう対応する。

〔みなっち〕　ん〜、悩むはねぇ。リサイクルはいいことだけど、廃棄物処理法の規定では「処理が困難じゃなければ許可してはならない」のよね。現実的に現状ではみなっち市で

は生ゴミは焼却炉で焼却していて、なんら支障を生じていないわ。これは多分みなっち市だけじゃなくほとんどの市町村でそうなんじゃないかなぁ。だって、生ゴミって燃える物でしょ。だから当然昔から燃えるごみとして計画的に焼却炉を整備して対応して来ていると思うもの。

〔BUNさん〕　そのとおりなんだ。質問者も多分このステップで暗礁に乗り上げたと思うんだ。

　それにね、今までの市町村では次のような思いもあると思うんだ。

　民間事業は原則的に営利企業、儲からなければ撤退する。独占的になれば、需要と供給の関係からできるだけ儲けたい。これはけして悪いことじゃない。自由経済の原則的なことだからね。でも、この自由経済の原則を一般廃棄物、特に家庭系「ごみ」の分野に持込むのはとてもリスクを伴う。

　さっきの例では人口3万人分のうち1万人分を民間に許可した。一旦許可したんだから、直営では2万人分の処理施設しか整備する必要がなくなる。また、直営2万人分、民間1万人分で「必要十分」なんだから、新たな参入者も入る余地も無い。この状態で、もし、民間許可業者が倒産したらどうなるだろう。民間なんだから倒産もあり得る。途端に明日から1万人分の「ごみ」が町に溢れることになる。これを避けるために、民間許可業者から「値上げ」の申し出があったとする。嫌も応もない。地方公共団体としての市町村としては、こういった事態はどうしても避けたい訳だね。

　だから、「リサイクルはよいこと」と言ってもそう簡単には一般廃棄物処理業の許可はしないと思うし、それはけして廃棄物処理法上間違ったことではないと思うんだ。

〔みなっち〕　ん〜、そうなると確かに一般廃棄物の分野では市町村直営以外にはリサイクルは進まないってことになるわね。なんかいい方法はないの？

〔BUNさん〕　国全体の施策としては、各種リサイクル法を制定して廃棄物処理法の規定を緩和したりしてきたりはしている。しかし、なんといっても最大のネックというか、「ネック」と言うべきではないのかもしれないけど、一般廃棄物の処理については、市町村の自治事務。市町村の考え方により大きく左右されるといってもいいんだね。国も県もなかなか「こうしなさい」とは言いにくい、越権行為になりかねない分野ではあるんだなぁ。これが一番最初に言ったことなんだ。

## 5 「一般廃棄物処理計画」にリサイクルを位置付け

〔みなっち〕　別にBUNさんは国や県の立場で市町村へ「指導」している訳じゃないんだから、この機会にいい方法を紹介してあげたら。

〔BUNさん〕　そうだね。じゃ、これは市町村の判断、自己責任で「やってもいいし、やらなくてもいいこ

と」ってことで聞いてください。

　まず、その「リサイクル」ってことが、その市町村にとって「よいこと、推進すること」と位置付けられるのか「悪いこと、制限すること」と位置付けられるのかってことがある。

　「そのリサイクル」って言うのは一例を示せば「一民間業者が、生ゴミを原料として行う堆肥化事業」ってことだよ。「リサイクル」そのものは「よいこと」として、循環型社会形成基本法の中でも位置付けていることだから疑問の余地がないからね。ただ、「そのリサイクル」がその市町村にとっていいことなのか、悪いことなのかってことなんだ。「悪いこと」の要因としては前述のとおり、「安定した一般廃棄物処理計画が立たない」ことなどが挙げられるでしょうねぇ。

〔みなっち〕　なるほど。で、次のステップは。

〔BUNさん〕　今までの「市町村一般廃棄物処理計画」のままでは「生ゴミ」を「処理が困難」と位置付けるのは難しい。だから、もし、「生ゴミの堆肥化」を民間に許可するためには、「処理が困難」と「市町村一般廃棄物処理計画」の中で位置付けをし直しする必要があるね。考えてみれば、今まで「処理が困難」として民間に許可してきていた「物」にしたって、現在の市町村で設置している焼却炉、埋立地、粗大ごみ処理施設をフルに使えば、処理して処理できないってことじゃない。

　例えば、多くの市町村では「処理が困難」として、その処理を民間に任せている代表的な廃棄物に「大型スプリングマットレス」があるんだけど、この「大型スプリングマットレス」にしたって、人海戦術でカッターナイフで切り裂き、バーナーで焼き切り、そのうえで焼却炉や埋立地に入れられないか、と言われればやってやれないことはない。結局、効率性とか経費とかリスクの問題でしかない。

　多分、これらの「物」に対して民間に業の許可を出した時は「一般廃棄物処理計画」の中で、「本市の廃棄物処理施設においては処理が困難であることから」という位置付けをしたんだと思う。明文化していなくとも、「そう考えなければ許可の条文、条件に違反」してしまっているからね。

〔みなっち〕　そうねぇ。廃棄物処理法第7条に「処理が困難」でなければ「許可してはならない」って規定しているんだもんね。

〔BUNさん〕　そこで、「市町村一般廃棄物処理計画」の中で「生ゴミは焼却せずに堆肥化を行う」と宣言、位置付けを行う。こうすることにより、市町村が所有する焼却炉では「処理は困難」な状態となる訳さ。

〔みなっち〕　なるほど。「脱法的な行為を考えさせたら右に出る者はいない」と言われるBUNさんならではの理論展開だね。

スプリングマットレスも処理できないことはないけど、けっこうたいへんだよね……。

これって「困難」？

〔BUNさん〕　へんな褒め方だなぁ。でも、これはあくまでも「こうしなければ法律違反です」ってことじゃないからね。「市町村の方針」なんだ。ただ、現実的にはこれをやるためにはなかなか難しいと思うよ。

まず、(1) 許可した会社以外の同業他社をどのように位置付けるか。

堆肥化事業って言ったって、今や1社ってことじゃないだろうし、後発会社だって出てくるだろう。その時、「先発会社には許可したけど、後発会社には許可しません。」って頑張れるかどうか。

また、(2) 直営の処理施設の整備計画、整備規模にも影響してくる。

それに、前述のとおり (3) 万一の「倒産」なんかの事態の際の対応。

さらに、「堆肥化」が一時期に全量できるってことじゃないだろうから、(4) 段階的に進める時、過渡期の問題として、ある時期は「堆肥化」と「焼却」が並列して行われる。例えば1日100トンの生ゴミが一つの市町村から出るとき、30トンは堆肥化できるけど、残りの70トンは堆肥化できないから焼却炉行きって時だね。その時、堆肥化できる30トンは「処理は困難」で、焼却炉行きの70トンは「処理は可能」って位置付けをしなくちゃなんない。こういったことも含んだうえで、処理計画に位置付ける必要があると思うんだ。

それに、一般廃棄物となると産業廃棄物とは違って、一軒一軒の家庭、一人一人の市民の協力をもらわなくちゃできない。今まで紙くずや廃プラスチック類なんかと一緒に出していた「燃えるごみ」から「堆肥化するから」と「生ゴミ」だけをわざわざ分別させておいて、1民間業者が倒産した、事業から撤退したからといって、「また元に戻します。分別しなくてもいいです。」といった後戻りはなかなかできないよね。

〔みなっち〕　そうねぇ。数多い一般住民の協力無くてはできない業務形態になっちゃうものね。ちなみに、この方法しかないかしら。

〔BUNさん〕　みなっちは「脱法的」って言うけど、「処理計画への位置付け」をしたうえでの「処理業の許可」はなんといっても正攻法だと思う。だから、時間はかかるかもしれないけど、この方法がお勧めだね。ただ、「処理計画への位置付け」は必要かもしれないけど、本当に「リサイクル」だったら、もう一つ手法はある。


## 6　再生利用指定制度

〔みなっち〕　なになに？どんな方法？

〔BUNさん〕　廃棄物処理法第7条「ただし書き」、これを受けた規則第2条第2号の再生利用指定制度。これにより、「許可」ではなく「指定」という制度に乗ることができる。

一般廃棄物の再生利用指定については、そもそも一般廃棄物の処理が市町村の自治事務ということもあり、国も解釈通知をあまり出していないけど、指定の考え方は産廃における知事の指定と同じように考えていいと思う。「産廃に関する知事の指定」に関しては、最初は昭和53年に、その後法律も大きく改正されたこともあり、平成6年、平成11年に運

用通知が出されている。一般廃棄物の再生利用の指定も、考え方は同様だろうという前提で話しするね。

　一般廃棄物の「再生利用の指定」は、廃棄物処理法第7条で「業の許可」について規定しているんだけど、その条文の中で「ただし、省令で定める場合は許可が不要」である旨規定している。いくつかある「許可不要制度」の中の一つとして、市町村長による「再生利用の指定」って制度がある。「土日で入門」でも書いたけど、この「再生利用の指定」って制度は「許可」よりも制約が多い。その制約の①「営利を目的としない」、まぁ、原則「処理は0円」っていったとこかな。②排出者、収集運搬者、処分者が限定される等がある。

〔みなっち〕　②の「排出者、収集運搬者、処分者が限定」ってどういうこと？

〔BUNさん〕　排出者をA、収集運搬者をB、処分者をCとして指定を受けたんだけど、評判が良くて事業を拡大して、排出者をさらにD、E、Fを加えたいって時は指定の取り直しをしなくちゃなんないんだ。こんな制限を受けるなら、少なくとも産廃だったら、さっさと「業の許可」をとって、自由に客を増やしたり、需要が高くて儲かるなら、いくらかでも「営利を目的」として、儲けたいよね。だから、この「再生利用の指定」って制度に関しては、長らくこの世界にいるBUNさんでさえ、メリットを見いだせないでいた。

　しかし、一般廃棄物に関しては、「業の許可」と比較して、明確にやりやすい点が見つかった。それは、市町村長から受けるこの「指定」は「許可」ではないから、許可の要件である「市町村による処理が困難でなければ許可してはならない」がかかってこないってことだ。この制度を利用することにより「処理困難」でなくとも実質的な事業展開が可能と思われるんですよ。

　ただ、「指定」制度でやる場合でも、規模がある程度大きくなって「処理計画」に影響及ぼすような時は当然ながら、また少量でも「一般廃棄物の処理」になるんだから、いくら「処理困難」って要件はかからないにしても、「指定」する市町村は「一般廃棄物の処理計画」への位置付けはやっておいた方がいいんだろうねぇ。

〔みなっち〕　ん〜難しい。市町村の担当者がこの問題にあまりかかわりたくないってなる気持ちもわかるわぁ。結局、一般廃棄物のリサイクル許可に関しては市町村の方針いかんっていうとこなのね。責任重大だわねぇ。じゃ、みなさんまたね〜〜 (^_^)/~

まとめノート

# 第9章　一廃リサイクル許可って？

## 【一般廃棄物処理業の許可】
○ 産廃の許可の要件と同じく2つの要件
　① 人的要件　　② 施設要件
○ さらに一般廃棄物特有の要件
　① 市町村の処理計画に適合すること
　② 市町村による処理が困難であること（量の場合と質の場合）

## 【一般廃棄物処理の位置付け】
○ 一般廃棄物処理は市町村の自治事務。 → リサイクルの方針は市町村が決めること。
○ 国や都道府県は助言。

## 【市町村の責務】
○ 市町村はごみ処理が困らないように、受け皿である処理施設を整備する責務がある。
○ すでに処理施設は整備済みであるなら民間に許可を出す必要がない（困らないように
　整備したのであるから、「困った時にしかしてはいけない民間への許可」はあり得な
　い）。

## 【民間リサイクル事業と市町村】
○ 民間のリサイクル事業は、値上げ、撤退、倒産などのリスクが伴う。
○ 市町村は、一般廃棄物が処理されないリスクを避けたい　→ だから民間リサイクルは
　進まない。
○ 一般廃棄物処理計画で処理を「リサイクル」に位置付ける条件の整備が不可欠

## 【再生利用指定制度】
○ 市町村長から受けるこの「指定」は許可ではないから、許可の要件である「市町村に
　よる処理が困難でなければ許可してはならない」が、かかってこない。

＜関係条文・通知＞
法第4条各項　（国及び地方公共団体の責務）
法第6条各項及び法第6条の2第1項（一般廃棄物処理計画及び市町村の処理）
法第6条の3各項（事業者の協力）
法第7条第1項及びそれを受けた省令第2条第2号（一般廃棄物処理業許可及び再生利用指定）
法第7条第5項第1号及び第2号（一般廃棄物処理業許可の条件）
法第24条の4　（事務の区分、この条文に列記された事務は法定受託事務、これ以外は自
　　　　　　　治事務）
平成15年3月17日環廃対第213号
平成20年6月19日環廃対発第080619001号

# 第10章

## 許可不要制度

質問？

「土日で入門、廃棄物処理法」の中で「許可不要制度」について、書いてますよね。そこで許可不要者として①「排出者自ら」②「専ら再生利用者」③「省令規定者」④「大臣認定者」⑤「特別法規定者」と列記していましたが、この制度を紹介してくれませんか？

〔みなっち〕　そうそう、「大臣認定」と「特別法規定者」は言うに及ばず、「省令規定者」も、ちょっとやそっとじゃ理解できないわ。解説してくれない？

〔BUNさん〕　それは「禁断の木の実」。触れちゃいけない部分なんだ。

〔みなっち〕　はっはぁ〜、BUNさんも知らないな。

〔BUNさん〕　どき！でも、正直言ってそうなんだ。あまりに複雑怪奇で細かい点までいくと、制度の違いや対象物がわからない。

とりあえず、人類始まって以来初めて許可不要制度の系統図を作ってみたよ。

〔みなっち〕　大げさな。そんなこと誰もやらなかったってだけのことでしょ。

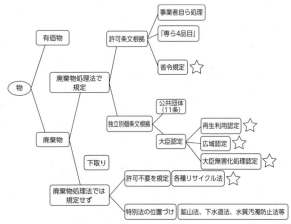

☆星印の箇所は、それぞれに「一般廃棄物収集運搬」「一般廃棄物処分」「産業廃棄物収集運搬」「産業廃棄物処分」の区分ごとに具体的な許可不要が別個に規定されている。

廃棄物処理法業許可不要系統図

71

〔BUNさん〕 まぁ、コロンブスの卵、自己満足ってやつかもしれないけど。さて、系統図はお示ししたけど、「大臣認定」については、国は「マニュアル」も公表しているが、それ見ても全容はわからない。なんか、制度は作ったけど、あまり活用して欲しくないんじゃないかとさえ思える。

　また、「特別法規定者」は、各種リサイクル法をはじめとする特別法の数だけある訳なんで、今回は時間も限られていることだし、とりあえず「省令規定者」について説明するってことでどうかなぁ。

〔みなっち〕 しょうがないなぁ。じゃ、「土日で入門」を買っていない人もいるから、復習を兼ねて「許可不要制度」全般についてから話して。

## 1　許可不要制度の概要

〔BUNさん〕 処理業の許可は一般廃棄物については第7条、産業廃棄物については第14条だったね。代表して産廃の収集運搬許可の条文を見てみようか。

> 第十四条（抜粋）　産業廃棄物の収集又は運搬を業として行おうとする者は、当該業を行おうとする区域を管轄する都道府県知事の許可を受けなければならない。ただし、事業者（自らその産業廃棄物を運搬する場合に限る。）、専ら再生利用の目的となる産業廃棄物のみの収集又は運搬を業として行う者その他環境省令で定める者については、この限りでない。

〔BUNさん〕 と言うことで、①事業者（排出者）自ら、②専ら再生利用の目的となる産業廃棄物のみ、は処理業の許可は不要ってことだったね。なお、「②専ら再生利用の目的となる産業廃棄物」とは、法律の施行通知により「古紙、くず鉄、あきびん類、古繊維」の4品目限定。このことは、「土日で入門」にも詳しく書いたから、今日はこの続きね。

　さて、次の「環境省令で定める者」、まずはこれを中心に見ていこう。次の図がさっきの系統図の、さらに枝葉の部分だね。

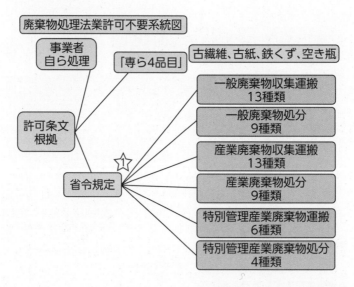

ただ、この「環境省令で定める者」が一般廃棄物と産業廃棄物では、結構違っているので、これも産廃の収集運搬の方からそれぞれ一個一個見ていこうか。(なお、条文そのものは制定月日や法律号数等も記載されとても長いので、適当に省略しているのでご承知ください。)

## 2 産廃収集運搬業の許可不要制度

### (1) 海洋汚染防止法の許可

(産業廃棄物収集運搬業の許可を要しない者)
省令第九条　法第十四条第一項　ただし書の規定による環境省令で定める者は、次のとおりとする。
一　海洋汚染及び海上災害の防止に関する法律…の規定により国土交通大臣の許可を受けて廃油処理事業を行う者又は…国土交通大臣に届け出て廃油処理事業を行う港湾管理者若しくは漁港管理者(同法第三条第十三号に規定する廃油の収集又は運搬を行う場合に限る。)

〔みなっち〕　廃棄物処理法を一般法とした時に、特別法に位置付けられる法律があるってことは、このシリーズの「墓石ポイ編」でも説明してもらったわね。この「海洋汚染及び海上災害の防止に関する法律」も廃棄物処理法に対する特別法で、この「海洋汚染防止法」の許可等を受けている人は廃棄物処理法で改めて許可は要らないって考えていいってこと?

〔BUNさん〕　詳細は省略するけど、それは厳密な意味では違うと思う。真に特別法の位置にある場合は、このように廃棄物処理法でわざわざ規定をする必要は無い訳です。家畜伝染病予防法などはそうですよね。「海洋汚染防止法」の規定の仕方が一概には廃棄物処理法の特別法と読めないからこそ、わざわざ廃棄物処理法で規定したとも言えるし、以前からの経緯もあり、いわゆる「入念規定」であるとも言えるかな。でも、まぁ、広い意味で「特別法の位置付け」って思っていてもいいかもね。

じゃ、次。

### (2) 知事の指定

二　再生利用されることが確実であると都道府県知事が認めた産業廃棄物のみの収集又は運搬を業として行う者であつて都道府県知事の指定を受けたもの
三　削除

〔みなっち〕　これは、「一般廃棄物リサイクル」の章で紹介してくれた産廃版ね。いかにも「知事が指定すれば、それだけのことと」と読めるけど、そうなの?

〔BUNさん〕「一般廃棄物リサイクル」の章でちょっと紹介したように、これには「施行通知」により「準則」が示されている（昭和53年3月27日環産9号、最終改正平成11年通知）。

　繰り返しになるけど、改めて説明するね。ちなみに、この「準則」と言うのは、「もし、条例等を地方自治体で制定するなら、こんな風に作ったらいいんじゃないの。」って言うモデル案のようなもの。

　この準則の中で、まず「無償で引取る」、つまり「処理料金は取るな。」的なことが書かれている。お金出して買ってきたら、これはもう「有価物」になり、そもそも廃棄物処理法の適用を受けない訳だから、この通知の趣旨から言えば、この「指定」を受ける「物体」は「0円」という物に限定される。さらに、排出者、収集運搬、受け皿となる処分業者の間、つまり「処理ルート」がそっくり指定される。

〔みなっち〕　そこんとこも、ついでにもう一度説明して。

〔BUNさん〕「許可」の時はFさんが許可とれば、排出者は誰でもいい訳です。GさんでもHさんでもいい。だから、新規のお客様を開拓できるし、飛び込みの客も扱える。ところが、「指定」制度は、収集運搬を行う者を限定するだけでなく、排出者、収集運搬者、受入者がセットで限定されてしまいます。

　例えば、「I、J、K社から出た廃プラスチックをL社が収集運搬を行い、M社のリサイクル施設に搬入する。」と言うルート丸ごとで指定される訳です。だから、排出者がI、J、K社の他にN社も増えたとなると指定の取り直しをしなくちゃなんない訳です。

〔みなっち〕　ふ〜ん、なんかとってもめんどくさいって感じがするわね。

〔BUNさん〕　そうなんだ。だから、産廃の知事指定は許可と比較してもメリットがほとんどない。現実的にも全国的にあまり活用されていないと思うよ。

　次の省令3号は削除されちゃったけど、この趣旨は改めて法第15条の4の3の「大臣認定」制度に生かされているから省令から法律事項に、いわば「格上げ」になったようなもんだね。（H15.12.1 ～）

(3) 大臣指定

〔みなっち〕いよいよ、大臣指定の規定ね。

> 四　広域的に収集又は運搬することが適当であるものとして環境大臣が指定した産業廃棄物を適正に収集又は運搬することが確実であるとして環境大臣の指定を受けた者（当該産業廃棄物のみの収集又は運搬を営利を目的とせず業として行う場合に限る。）

〔BUNさん〕　この号と同じような趣旨の条文は昔からあり、いろんな条文を渡り歩いたり、

微妙にニュアンスが変化してきている条文なんだ。

　まず、最初に、この条文と似ているものに「大臣広域認定」がある。その他にも紛らわしい規定がいくつかあるから気を付けてね。

　この「大臣指定」と言うのは、「リサイクル」を義務づけているものじゃない。あくまでも「適正処理」でもよいとしている規定。でも、この規定を現在適用受けるのは、路上放置自動車を公益法人の自動車販売協会等がボランティア的に処理する時だけみたいだね（H3.7.1厚生省告示150号）。

　今は自動車リサイクル法があり、廃自動車を扱える人物は多数存在している状況になっている。将来的には別の取扱いに包含される可能性大だね。


⑷ 国

> 五　国（産業廃棄物の収集又は運搬をその業務として行う場合に限る。）

〔BUNさん〕　ずっと以前は、「国鉄」がこの規定を受けて「許可不要」として取扱ってきたけど、JRに民営化されて、必要な行為については許可を取得したって経緯がある。現在では、国が直営で産廃を処理するって事例はほとんど無いんじゃないかな。


⑸ 広域臨海環境整備センター法ほか

> 六　広域臨海環境整備センター法に基づいて設立された広域臨海環境整備センター
> 七　日本下水道事業団、附則第二項 に規定する業務として産業廃棄物の収集又は運搬を行う場合に限る。
> 八　産業廃棄物の輸入に係る運搬を行う者（自ら輸入の相手国から本邦までの運搬を行う場合に限る。）
> 九　産業廃棄物の輸出に係る運搬を行う者（自ら本邦から輸出の相手国までの運搬を行う場合に限る。）

〔BUNさん〕　6～9号までは、文字のとおりだし、直接関わる人はそう多くないと思うので、省略。

**10**

**許可不要制度**

## (6) 狂牛病騒動関連

> 十　食料品製造業において原料として使用した動物に係る固形状の不要物（事業活動に伴つて生じたものであつて、牛の脊柱に限る。）のみの収集又は運搬を業として行う者
> 十一　と畜場法に規定すると畜場においてとさつし、又は解体した同条第一項 に規定する獣畜及び食鳥処理の事業の規制及び食鳥検査に関する法律第二条第六号 に規定する食鳥処理場において食鳥処理をした同条第一号 に規定する食鳥に係る固形状の不要物（事業活動に伴つて生じたものに限る。）のみの収集又は運搬を業として行う者
> 十二　動物の死体（事業活動に伴つて生じたものであつて、畜産農業に係る牛の死体に限る。）のみの収集又は運搬を業として行う者

〔BUNさん〕　10～12号までは、平成13年に起きたいわゆる「狂牛病騒動」の時に、このためだけに規定した条文。

　狂牛病騒動が起きるまでは、病気などで死亡したために「食肉にならなかったもの」でも、「動物の死体」は、なめし革や飼料、肥料、油などの原料として流通していたし、この流通ルートはかなり限定的なものだった。この騒動後、処理料金を徴収しないと成立しない事業になっちゃったけど、そうなっても社会的に大きな障害が無いばかりでなく、そのルートが消滅するとかえって困ることから、例外的に「許可不要」としている規定。

## (7) 行政代執行

> 十三　法第十九条の八第一項 の規定により、環境大臣又は都道府県知事が自ら生活環境の保全上の支障の除去等の措置を講ずる場合において、環境大臣又は都道府県知事の委託を受けて当該委託に係る産業廃棄物のみの収集又は運搬を行う者

〔BUNさん〕　これは、不法投棄や不適正な大量保管等をやった人間に対して、知事や大臣が「早く片付けなさい」という、いわゆる「措置命令」をかける場合があるんだけど、その措置命令を聞かない場合がある。そんな時には、知事や大臣はやった人間に代って「行政代執行」というものをやる。

　ただ、この代執行も現場の撤去作業を、知事や大臣が直接やる訳じゃないし、国や県の職員がやる訳でもない。実際にやれるのは専門の知識や機材を持ってる専門の業者さん、と言うことになる。一時世間を騒がせた「硫酸ピッチ」なんて言う場合は、その辺の既存の業者さんが扱えない場合も多い。産廃の許可はその都道府県ごとの許可だから、その不法投棄が起きた県ではその専門業者さんは許可をとっていないことも往々にしてありえる。そこで、こういった「許可不要制度」も必要ということで制定された条文なんだ。

## (8) 災害・コロナ関連

---

十四　災害その他やむを得ない事由により緊急に生活環境の保全上の支障の除去又は発生の防止のための措置を講ずるために環境大臣又は都道府県知事が特に必要があると認める場合において、当該事由を勘案して環境大臣又は都道府県知事が定める期間に産業廃棄物を適正に収集又は運搬する能力がある者として環境大臣又は都道府県知事が指定する者（後略）

---

〔BUNさん〕　平成の終わり頃から地球温暖化の関係もあるのか、それまでとはレベルが違うような災害が各地で多発した。また、コロナウイルスが猛威をふるった。この規定は、そんな状況から令和2年の改正で追加された制度なんだ。

　新型コロナウイルスにより廃棄物処理法業務担当者が感染または濃厚接触者となり、組織全体の業務が機能不全になる可能性が出てきた。

　これは災害廃棄物についても同様のことが言えるんだけど、該当する自治体だけでは対処困難となった時、また、既存の許可業者だけでは対応困難となった時に大臣や首長が許可を持たない人物であっても指定することにより廃棄物の処理を行えるように制度を整備した。

〔みなっち〕　そうねぇ。感染症患者から排出される廃棄物は特別管理廃棄物だけとは限らない。たとえば，軽症の感染者や濃厚接触者を事実上隔離する宿泊療養施設（ホテル等）から排出されるマスクやシーツは一般廃棄物だし、さらに感染性廃棄物ですらない。感染性廃棄物となるためには排出する施設が病院等政略令で規定する10施設に限定されているんでしたね。

〔BUNさん〕　よく勉強していたね。したがって、こういった廃棄物を合法的に扱える業者は当該市町村の一般廃棄物処理業者だけとなる。こういった制度上のこともあり災害時等の場合は大臣や首長が指定することにより他者の廃棄物を扱える制度を整備したものなんだ。

〔みなっち〕　ふ〜ん、なんかもう頭がこんがらかって来ちゃったよ。

〔BUNさん〕　ところが、「許可不要制度」はこれで終わらない。産廃の収集運搬と処分は同様の形態を規定しているけど、一般廃棄物の「許可不要制度」は、一廃独自の規定も少なくないから注意しないと。じゃ、一廃の収集運搬について見ていこうか。

**10**

許可不要制度

### 3　一廃収集運搬業の許可不要制度

#### (1) 市町村の委託

> （一般廃棄物収集運搬業の許可を要しない者）
> 第二条　法第七条第一項　ただし書の規定による環境省令で定める者は、次のとおりとする。
> 一　市町村の委託を受けて一般廃棄物の収集又は運搬を業として行う者

〔BUNさん〕　これは、「市町村の委託」に限定される話ね。民間事業者からの委託はもちろん、国や都道府県からの委託もこれには該当しないんだけど、この件については「土日で入門」の「一般廃棄物の処理」の章で話したので省略。

#### (2) 市町村長の指定

> 二　再生利用されることが確実であると市町村長が認めた一般廃棄物のみの収集又は運搬を業として行う者であつて市町村長の指定を受けたもの
> 三　削除

〔BUNさん〕　これは、条文の文章の表現は産廃の「知事指定」と同じだよね。ところが、産廃の知事指定とは、違って大きなメリットがあるってことは「一般廃棄物リサイクル」の章で話したとおりなんだ。

法律はオールジャパン（全国一律）で、国が作るけど、その運用、責任は「自治事務である限り、その自治体でやってくれ。」ってことがある。だから、責任さえ持てるなら、一般廃棄物に関する業務では市町村の裁量が相当入いる余地はあるし、それが正しいかどうかは、裁判を起こして最高裁の判決を見てみるまではわからないって事項もあると思うね。

次の省令3号の削除は、先に書いた産廃と同じく、趣旨は改めて法第9条の9の「大臣認定」制度に移って、いわば「格上げ」になったようなもの。(H15.12.1 ～)

#### (3) 大臣指定

> 四　環境大臣指定「広域収集運搬一般廃棄物」

〔BUNさん〕　この規定の仕方は産廃と同様で、現在指定を受けているものは、路上放置

自動車を公益法人の自動車販売協会等がボランティア的に処理する事例だけみたいだね。
（H3.7.1厚生省告示150号）

## (4) 国ほか

> 五　国（一般廃棄物の収集又は運搬をその業務として行う場合に限る。）
> 六　一般廃棄物の輸出に係る運搬を行う者（自ら本邦から輸出の相手国までの運搬を行う場合に限る。）

〔BUNさん〕　これは産廃と同じ規定。

## (5) 家電リサイクル法関連

> 七　特定家庭用機器再商品化法…の認定を受けた製造業者等…の委託を受けて、特定家庭用機器一般廃棄物…の再商品化…に必要な行為（…指定引取場所から再商品化の用に供する…施設への運搬に該当するものに限る。）を業として実施する者であつて次のいずれにも該当するものとして環境大臣の指定を受けたもの…。

〔BUNさん〕　本来の条文は条項等を記載しているのでとても長いんで、相当省略しました。さらに、これを一般人語に訳すると、次のような意味になる。

　「家電リサイクル法の認定を受けたメーカーから、委託を受けて、冷蔵庫・クーラーなど（冷凍庫、乾燥機等も包含して4品目）の廃家電の集積場所からリサイクル施設まで運ぶ収集運搬行為は、許可不要です。」ってことだね。

　さらに解説すると、家電リサイクル法の対象になるのは、その多くが一般家庭から出される。と言うことは、紛れも無く「一般廃棄物」。本当であれば、その一般廃棄物を収集運搬することにより、料金を取るなら、一般廃棄物収集運搬業の許可が必要なんだけど、そのリサイクルの義務がかけられているメーカーの委託を受けた運搬業者で、かつ、大臣の指定を受けた業者は一般廃棄物の許可は要りませんよ。ってこと。

## (6) 廃タイヤ関連

> 八　再生利用の目的となる廃タイヤ（自動車用タイヤが一般廃棄物となつたものに限る。）を適正に収集又は運搬する者であつて、次のいずれにも該当するもの（…）
> イ　当該業を行う区域（…）に係る廃タイヤ（自動車用タイヤが産業廃棄物となつたものに限る。）の収集又は運搬について、法第十四条第一項の許可を受けていること。

〔BUNさん〕　一時期、自家用車の廃タイヤが問題になった。廃タイヤは前述の廃家電と同じように、一般家庭から出れば一般廃棄物。でも、市町村が所有している処理施設は、多くが焼却炉と埋立地。これじゃ、処理しようにもできないってことで、「自家用車の廃タイヤ」を指定し、市町村の処理施設に入ることなく、メーカーが構築した「全国ルート」で処理させようとした訳だね。

　以前は、この廃タイヤについても、大臣が「ルートごと」指定していたけど、あまりに煩雑なんで、「イ」で規定したように「その区域で産廃の許可を取ってる許可業者」なら一々大臣に認定してもらうこともないよってことで改正した。この規定のおかげで、タイヤについては、産廃の許可さえとっていれば、特段の手続きをすることなく、一般家庭から出てくる廃タイヤも処理料金を徴収して産廃ルートで処理できることになったんだね。

## (7) 処理困難物ほか

> 九　特定家庭用機器（特定家庭用機器再商品化法に規定する特定家庭用機器をいう。）、スプリングマットレス又は自動車用タイヤの販売を業として行う者であつて、当該業を行う区域において、その物品又はその物品と同種のものが一般廃棄物となつたものを適正に収集又は運搬するもの（次のいずれにも該当するものに限り、かつ、一般廃棄物処理基準に従い、当該一般廃棄物のみの収集又は運搬を業として行う場合に限る。）

〔BUNさん〕　実は、大臣指定（認定）の制度は、当初はこの規定の趣旨からスタートしたんだ。

〔みなっち〕　と言うと？

〔BUNさん〕　「一般廃棄物の処理義務は市町村」って原則を定めたんだけど、社会が高度化してきていろんな商品が世の中に出回る。一般家庭で消費する「商品」の中にも、焼却炉や埋立地で処理するには、困難な「物」も出回って来た。それでも一般家庭から排出されれば、それは「一般廃棄物」となる。と、なればその処理責任は市町村…これでは、市町村も根を上げる。そこで、「処理困難物」と言う概念を取り入れて、廃棄物の処理の分野にも「製造者責任」を追求しようとしたんだね。その時、製造者が「わかりました。当社で製造した商品の処理は当社でやりましょう。」となった時に、一般廃棄物の処理業の許可は市町村、と言うことは全国の何千という市町村ごとに処理業の許可を取得しなくちゃなんなくなる。この課題を解決するために制定されたのが、元々のこの条文の趣旨だったんだ。

　この「スプリングマットレス」「自動車用タイヤ」は、先に話した「処理困難物」の「はしり」だね。で、この2品目については、新品の「販売者」でも「許可不要」としている。

この条文ではこの2品にプラスして家電リサイクル法の廃家電も加えている。

「メンテナンス廃棄物」の章で、「下取り廃棄物」について話したよね。これも「下取り」と似ているけど、「下取り」の時はいくつかの制約が有った。

〔みなっち〕　「無料」とか「新品の販売と交換に」とかだったわよね。

〔BUNさん〕　そう、この「スプリングマットレス」「自動車用タイヤ」「廃家電」については、その「下取り」をさらに進めて、条件を緩和して、条文化したと考えてもいいかもね。だから、この「スプリングマットレス」「自動車用タイヤ」「廃家電」については、そういう製品の販売を行っている人は、処理基準に従って、適正に処理するんであれば、「料金を徴収」してもいいし、新品の販売時点でなくとも、取扱っていい訳だね。

## (8) 引っ越し廃棄物の処理

十　引越荷物を運送する業務を行う者（貨物自動車運送事業法による許可等を受けた者。以下「引越荷物運送業者」という。）であつて、次のいずれにも該当するもの（一般廃棄物処理基準に従い、転居する者が転居の際に排出する一般廃棄物（日常生活に伴つて生じたものに限る。以下「転居廃棄物」という。）のみの収集又は運搬を営利を目的とせず業として行う場合に限る。）
イ　転居する者から転居廃棄物の収集又は運搬について次に掲げる事項を記載した文書の交付を受け、かつ、当該文書に記載した事項に基づき、転居廃棄物を所定の場所まで運搬し、当該所定の場所において市町村又は一般廃棄物収集運搬業者に引き渡すこと。
　　(1) 当該収集又は運搬に係る転居廃棄物の種類及び数量
　　(2) 引越荷物運送業者が管理する所定の場所の所在地
　　(3) 当該所定の場所において当該転居廃棄物を引き渡す市町村の名称又は一般廃棄物収集
　　　　運搬業者の氏名若しくは名称及び住所並びに法人にあつては代表者の氏名
ロ　以下は欠格要件。

〔BUNさん〕　これは、次のようなこと。

　引っ越しの時って必ず、大量のゴミが出ちゃう。しかも、「引っ越し」は一時的にしろ住む場所が無くなるんで、日時はとても短期間に済まさなくちゃなんないって事情が有る。こんな時でも原則として、「有価物は運送業者」「廃棄物は一般廃棄物処理業者」となる訳だけど、運送業者と処理業者さんの日時を合わせてもらうのは、現実的にはとても大変。かと言って、自分でレンタカーのトラックを借りて来て、ごみは自分で運搬するって言うことも大変。

　「どうせ、引っ越しのために運送業者さんに来てもらっているんだから、＜ついでに＞廃棄物の方も、清掃工場か専門の処理業者さんのところまで、運んでもらって悪いの？」って要望が強かった。この規定ができる前に、こういったお客さまの要望を断り切れずに廃棄物を運んじゃった運送業者さんがいた。

　それが問題になって、廃棄物の運搬を商売としてやるっていうんじゃなくても＜ついでに＞程度で運んでやる位は認めてあげたらって言うことでできた規定がこの条文。これについては、「引っ越し廃棄物処理マニュアル」まであるから、携わる人や関係のある人は一回は見ておいた方がいいかな。

〔みなっち〕　ふぅ～、随分あるのねぇ。

〔BUNさん〕　産廃収集運搬なら省令第9条の各号（産廃処分、特管産廃収運、特管産廃処分ごとにそれぞれ該当する条文）で規定している「許可を要しない者」だけでこの位あるのね。

一つだけおまけに紹介するけど、さっきもちょっと紹介したけど、「許可不要制度」は、違う条文で規定をしている事項もあるんだ。

## 4　「大臣認定」は法9条の8、9条の9

（一般廃棄物の再生利用に係る特例）
第九条の八　環境省令で定める一般廃棄物の再生利用を行い、又は行おうとする者は、環境省令で定めるところにより、次の各号のいずれにも適合していることについて、環境大臣の認定を受けることができる。
一　当該再生利用の内容が、生活環境の保全上支障のないものとして環境省令で定める基準に適合すること。
二　当該再生利用を行い、又は行おうとする者が環境省令で定める基準に適合すること。
三　前号に規定する者が設置し、又は設置しようとする当該再生利用の用に供する施設が環境省令で定める基準に適合すること。
2　環境大臣は、前項の認定の申請に係る再生利用が同項各号のいずれにも適合していると認めるときは、同項の認定をするものとする。
3　第一項の認定を受けた者は、第七条第一項若しくは第六項又は第八条第一項の規定にかかわらず、これらの規定による許可を受けないで、当該認定に係る一般廃棄物の当該認定に係る収集若しくは運搬若しくは処分を業として行い、又は当該認定に係る一般廃棄物処理施設を設置することができる。
4　第一項の認定を受けた者は、第七条第十三項、第十五項及び第十六項並びに第十九条の三の規定の適用については一般廃棄物収集運搬業者又は一般廃棄物処分業者と、第十八条第一項の規定の適用については一般廃棄物処理施設の設置者とみなす。
5　（以下略）
（一般廃棄物の広域的処理に係る特例）
第九条の九（以下、条文略）

〔みなっち〕　んっ？これって、さっき紹介してくれた「ただし書き、大臣指定（省令2条）」とどこが違うの？

〔BUNさん〕　そうだよねぇ。ほんとわかりにくいよね。似たような制度として「大臣指定

（省令2条）」、「大臣再生利用認定（法9条の8）」、「大臣広域認定（法9条の9）」があるんだ。それぞれの違うポイント。

「指定（省令2条）」は、さっき話したとおり現在は「放置自動車」だが指定されていて、「広域」であり「必ずしも再生利用でなくともよい。適正処理でよい。」

「再生利用認定（法9条の8）」は、「必ずしも広域でなくともよい。」であるが「再生利用でなければだめ。単なる処理ではだめ。」。

「大臣広域認定（法9条の9）」は、適正処理困難物対策として発展してきた制度で「拡大生産者責任」を原則的な理念としている。そのため、原則、「その生産者、販売者」じゃないと認定の対象にはならず、「必ずしも再生利用でなくともよい。適正処理でよい。」けど「広域」を対象にすることってところかな。

ちなみに、「再生利用認定」の場合は、「業の許可」だけでなく「処理施設の設置許可」も不要ってことなんだ。実は、産廃の場合は、「業の許可」と言うのは比較的簡単に取れる。ところが、処理施設の設置は埋立地や焼却炉は言うに及ばず、破砕機、脱水機程度でもそれなりに大変なんですよ。まぁ、これについては、「土日で入門」の付録「許可までの長い道程」ってことでも付けてますから、そちらを参考にしてね。

〔みなっち〕　ふ～ん、そんなにいい制度なら「リサイクル」する事業者ならこの「大臣認定」制度をもっと、もっと活用すればいいんじゃないの。？

〔BUNさん〕　ところがねぇ、この「大臣認定」制度は制定する時に付帯決議が付けられているらしいんだ。付帯決議って言うのは、国会で法律を作る時に、「条件付」みたいなものだね。この付帯決議で「認定と言うのはあくまでも許可制度の例外。本来、許可制度をとっているんだから、そのルールに従ってやるのが常道。認定と言う制度をあまり乱用しないように。」って内容らしい。

だから、この「大臣認定」をとれるような「施設」は本来「施設の設置許可」を取る気になればすぐにでも取れるような、いわば「りっぱな」施設しか「認定」になっていない。

また、「業」の点についても、「業許可」で求められているのと同様の人的要件や施設要件を要求されている。既に「認定」になっている事業を見ると、「事業者の都合で認定をとった」と言うより、「国民の要請」「社会の要求」により、「認定をとってもらった」ような事例なんだね。

例えば、狂牛病騒動の時に発生した「肉骨粉」の受け皿になってもらっているセメント工場とかね。

〔みなっち〕　まぁ、そう言われればそうねぇ。同じ法律で「許可制度」を規定しているのに、それを要らないってするんだから、特にこの「再生利用認定」って言う制度は、「業の許可」のみならず「施設設置の許可」も要らないって取扱うなら、それなりのハードルはあってもしょうがないかなぁって気もするわ。

## 5　他にも

〔BUNさん〕　ま、今回はこの程度にしておくけど、さらに、廃棄物処理法第11条の規定により、県や市町村直営なら許可が不要となる規定なんかもあるんだ。

---

（事業者及び地方公共団体の処理）
第十一条　事業者は、その産業廃棄物を自ら処理しなければならない。
　2　市町村は、単独に又は共同して、一般廃棄物とあわせて処理することができる産業廃棄物その他市町村が処理することが必要であると認める産業廃棄物の処理をその事務として行なうことができる。
　3　都道府県は、産業廃棄物の適正な処理を確保するために都道府県が処理することが必要であると認める産業廃棄物の処理をその事務として行うことができる。

---

〔みなっち〕　「許可不要制度」ってことで見て来たけど、これはやっぱり難しいわね。頭が腐ってきそう。

〔BUNさん〕　時々、「許可を取らずに済む方法は無いですか？」って聞いて来る人がいるけど、今回の「許可不要制度」を勉強してもらえば、多分「やっぱり許可取ります。許可不要の方がはるかに大変です。」って言うんじゃないかなぁ。

〔みなっち〕　なんで、こんな状態にしておくのかしらねぇ。

〔BUNさん〕　それはねぇ、こういうことだと思うんだ。

廃棄物処理法においては、そもそも、「誰がやっていいってもんじゃない」からこそ、許可制度を採用して、一定レベル以上の知識や機材を持ってる人にだけ許可を与えている。ところが、そのように設定した「許可」を、「不要だ」って言うんだから、余程条件を限定しないと理由が立たない。したがって、「許可不要制度」は例外中の例外と思っていい。だから、その制度はとても複雑な本道を逸れた枝葉の部分になってしまう。

　まぁ、そんな訳だから、入門者はまずは「許可制度」をがっちり覚えて、次にその応用を覚えた後に、この例外中の例外である「許可不要制度」を勉強して十分じゃないかと思うよ。ただ、例外を勉強すると言うことは、改めて「原則」を復習することになるから、その意味でも、ためになることではあるんだけどね。

〔みなっち〕　うわぁ＼(◎o◎)／！

もうだめ。この他に特別法がある訳でしょ。こりゃ、全部覚えているのは無理だっていうBUNさんの最初の言葉もわかったわ。ここはとても「まとめノート」作れないわ。

〔BUNさん〕　そうだね。まとめノート作れるようなら、もっと簡単に説明できると思うし。でも、幸いBUNさんのお友達の＜麻呂方角士＞が苦労して作ってくれた「認定・指定制度比較表」と「認定・指定制度の経緯」って資料があるから、ここの章はそれでお勉強していただくことにしましょ。

　この表は、制度の複雑さを表すように、すごく細かいんだけど、ある程度慣れてくると、宝の地図のように辿れるからとっても便利だよ。でも、現実にはこれを活用するより普通に許可とった方が早いかもね (＾o＾)/ ̄ ̄ ̄じゃ。

## 認定・指定制度比較表

| | 再生利用認定制度 | | 広域認定制度 | | 広域収集運搬廃棄物・広域処分廃棄物 | | 無害化処理認定制度 | |
|---|---|---|---|---|---|---|---|---|
| 認定・指定者 | 環境大臣 | | 環境大臣 | | 環境大臣 | | 環境大臣 | |
| | 一般廃棄物 | 産業廃棄物 | 一般廃棄物 | 産業廃棄物 | 一般廃棄物 | 産業廃棄物 | 一般廃棄物 | 産業廃棄物 |
| 根拠規定 | 法第9条の8 | 法第15条の4の2 | 法第9条の9 | 法第15条の4の3 | 法第7条第1項但書 規第2条第4号 | 法第14条第1項但書 規第9条第4号 | 法第9条の10 | 法第15条の4の4 |
| 許可が不要になるもの | 収集運搬業<br>処分業<br>施設設置 | 収集運搬業<br>処分業<br>施設設置 | 収集運搬業<br>処分業 | 収集運搬業<br>処分業 | 収集運搬業<br>処分業 | 法第14条第6項但書 規第10条の3第4号<br>処分業 | 収集運搬業<br>処分業<br>施設設置 | 収集運搬業<br>処分業<br>施設設置 |
| 認定・指定の対象 | 次のもの以外であって、再生利用が促進されると認められる廃棄物<br>①ばいじん、焼却灰で生活環境保全上の支障の生じるおそれがあるもの（※）<br>②バーゼル法上の有害特性を有する廃棄物（※）<br>③通常の保管下で容易に腐敗、腐敗又は揮発する等性状が変化し、生活環境上支障があるもの<br>※資源として利用可能な金属を含むものを除く | | 次のいずれにも該当する廃棄物<br>①通常の保管下で容易に腐敗し又は揮発する等性状が変化し、生活環境上支障が生じるおそれがないもの<br>②製品が廃棄物になったもので、製造（原材料、部品を含む）、加工、販売の事業を行う者（法人団体、委託者を含む）が行うことで減量その他適正な処理が確保されるもの<br>一般廃棄物については、大臣告示により品目まで限定している。産業廃棄物は品目の限定がない。 | | 広域的に収集運搬・処分することが適当であるとしたもの | 広域的に収集運搬・処分することが適当であるとしたもの | 人の健康又は生活環境に係る被害を生ずるおそれがある性状を有し、かつ、特別の対象とすることにより迅速かつ安全な無害化処理が促進されると認められる廃棄物<br><br>※大臣告示により品目限定 | |
| 現在の認定・指定状況（廃棄物） | ○「廃ゴム製品（ゴムタイヤその他のゴム製品であって、鉄を含むものとなったものに限る。）」<br>○廃プラスチック類<br>○廃肉骨粉（化製場から排出されるもの。この規定は期限が付されているが度々延長されていることから記載は避ける）<br>○金属を含む廃棄物（当該金属を原材料として使用することができる程度に含むものが廃棄物になったものに限る。）<br><br>上記4品目は一般廃棄物、産業廃棄物ともに同じ規定。<br>なお、告示にはないが、特区申請により「木くず」が1件だけ指定されている。<br>「廃ゴムタイヤ（自動車用）」の文言を平成18年に「廃ゴム製品」に改正 | ○汚泥（a：シールド工法・開削工法を用いた掘削工事、杭基礎工法・ケーソン基礎工法・連続地中壁工法に伴う掘削工事、地盤改良工法を用いた工事に伴って生じた無機性汚泥　b：半導体・太陽電池・シリコンウエハ製造の過程で生じる排水から水を通した汚泥） | ○廃スプリングマットレス<br>○廃パーソナルコンピュータ<br>○廃密閉型蓄電池<br>○廃開放形鉛蓄電池<br>○廃二輪自動車<br>○廃FRP船<br>○廃消火器<br>○廃火薬類<br>○廃印刷機<br>○廃携帯電話端末装置<br>○廃乳母車<br>○廃乳幼児用<br>○廃幼児用補助装置<br>○加熱式たばこの廃喫煙用具 | 左欄の一般廃棄物対象品目に加えて<br>○廃ゴムタイヤ（自動車用）<br>○使用済みタイヤフィルム製品<br>○使用済み実験動物輸送容器<br><br>等現在200近い事業が認定されている | ○廃自動車<br>○廃原動機付自転車 | | ○石綿含有一般廃棄物 | ○廃石綿等<br>○石綿含有産業廃棄物<br><br>○廃PCB等（電気機器又はOFケーブルに封入された微量PCBで汚染された絶縁油「微量PCB汚染絶縁油」）<br>○PCB汚染物（微量PCB汚染絶縁油のもの）<br>○PCB処理物（上2つを処理するために処理したもの）<br>（令和元年に「付着」等の濃度について改正の経緯あり） |
| （再生利用する者） | ○廃ゴム製品…セメントの製造販売を主たる事業として行う者又は鉄鋼製品の製造及び販売を主たる事業として行う者で再生品の販売を円滑に行う者<br>○廃プラスチック類…高炉による製鉄業で自ら還元剤を製造する者もしくは、コークスの製造を行う製鉄業で又はコークスの製造販売事業でコークスおよび炭化水素油の販売を円滑に行う者<br>○廃肉骨粉…セメントの製造販売を主たる事業として行う者で再生品の販売を円滑に行う者<br>○金属を含む廃棄物…金属の製造及び販売を主たる事業として行う者であって、再生品である金属の販売を円滑に行える者等多数有り<br>○廃木材…鉄鋼製品の製造及び販売を主たる事業として行う者であって、再生品として製造した鉄鋼製品の販売を円滑に行うことができる者 | ○汚泥…高規格堤防の仕様書に基づき再生品の製造を行う者で、再生品とその他の処理物を区分して保管・搬出できる者<br>シリコン含有汚泥再生品の販売を円滑に行うことができることが事業の実績等に照らして明らかである者 | 製品の製造（原材料、部品を含む）、加工、販売の事業を行う者（法人団体、委託者を含む）で、次の基準を満たす者<br>・処理を確に行うに足りる知識および技能を有すること<br>・処理を確に行うに足りる経理的基礎を有すること<br>・廃棄物処理業の欠格要件に該当しないこと<br>・不利益処分を受けた日から5年を経過しない者に該当しないこと<br>・その他環境大臣が定める基準に適合していること | | ・社団法人日本自動車販売協会連合会<br>・社団法人全国軽自動車協会連合会<br>・特別法人日本自動車輸入組合<br>・社団法人日本中古自動車販売協会連合会 | | ・周辺地域の生活環境の保全及び増進に配慮された事業計画を有するものであること。<br>・処理を確に行うに足りる知識および技能を有すること<br>・処理を確に行うに足りる経理的基礎を有すること<br>・廃棄物処理業の欠格要件に該当しないこと<br>・不利益処分を受けた日から5年を経過しない者に該当しないこと<br>・その他環境大臣が定める基準に適合していること | |
| 再生利用方法の範囲 | ・対象となる廃棄物の再生利用の促進に寄与すること<br>・JIS等の標準の規格があり、再生品の利用が見込めること<br>・再生品の原材料として利用されること<br>・廃棄物の熱回収、燃料となる再生品への利用でないこと<br>・通常の使用で生活環境上の支障が生じない再生品を得ること<br>・受け入れる廃棄物の全部又は大部分を施設に投入すること<br>・再生に伴い廃棄物をほとんど生じないこと<br>・再生に伴い生じる排ガス中ダイオキシン類濃度が0.1ng/m3以下であること<br>・その他廃棄物毎に定める基準に適合していること | | ・処理を製造事業者等が行うことで、廃棄物の減量その他適正な処理が確保されること（製造者ゆえに第三者にできない適正処理の効果が得られること）<br>・処理を行う者（受託者を含む）の事業内容が明らかで責任の範囲が明らかなこと<br>・一連の処理工程を認定を受けた者が統括する管理体制が整備されていること<br>・認定を受けた者は、他人に委託する場合、適正な処理に必要な措置を講ずること<br>・廃棄物処理基準に適合しない処理が行われた場合、生活環境に係る被害を防止するのに必要な措置を講ずること<br>・認定を受けた者が他人に委託する場合、経理的・技術的に能力を有する者に委託すること<br>・2以上の都道府県で広域処理することで、当該廃棄物の減量その他適正な処理が確保されること<br>・再生（マテリアルリサイクル）がされない場合は熱回収を行った後に埋立処分を行うこと<br>・その他廃棄物毎に定める基準に適合していること | | ・事業計画が廃棄物の適正な処理のために適切であること<br>・処理を行う者（受託者を含む）の事業内容が明らかで責任の範囲が明らかなこと<br>・法人である場合には営利を目的としないこと<br>・廃棄物の処理が営利を目的としないこと<br>・廃棄物の処理が広域的であること<br>・事業の実施により生活環境保全上の支障が生じないこと<br>（平成3年7月19日衛環第178号） | | ・当該申請に係る処理が、人の健康又は生活環境に係る被害が生じるおそれがない性状にすることが確実であるとともに安全なものであること。<br>・迅速な無害化処理が確保されるものであること。<br>・受け入れる廃棄物の全部を無害化処理の用に供する施設に投入すること。<br>・施設の設置及び維持管理に関する計画が周辺地域の生活環境の保全及び周辺の施設について適正な配慮がなされたものであること。<br>・その他環境大臣が定める基準に適合していること。 | |
| 管理票の要否 | − | 不要 | 不要 | 不要 | − | 要 | − | 要 |
| 契約書締結の要否 | − | 要 | 要 | 要 | − | 要 | − | 要 |
| 報告徴収 | 市町村長、環境大臣 | 都道府県知事、環境大臣 | 市町村長、環境大臣 | 都道府県知事、環境大臣 | 市町村長 | 都道府県知事 | 市町村長、環境大臣 | 都道府県知事、環境大臣 |
| 立入検査 | 市町村長、環境大臣 | 都道府県知事、環境大臣 | 市町村長、環境大臣 | 都道府県知事、環境大臣 | 市町村長 | 都道府県知事 | 市町村長、環境大臣 | 都道府県知事、環境大臣 |
| 改善命令 | 市町村長 | 都道府県知事 | 市町村長 | 都道府県知事 | 市町村長 | 都道府県知事 | 市町村長 | 都道府県知事 |
| 帳簿整備の要否 | 要 | 要 | 要 | 要 | 要 | 要 | 要 | 要 |
| 基準の適用 | 一般廃棄物処理基準（法第7条第13項） | 産業廃棄物処理基準（法第14条第12項） | 一般廃棄物処理基準（法第7条第13項） | 産業廃棄物処理基準（法第14条第12項） | 一般廃棄物処理基準（法第7条第13項） | 産業廃棄物処理基準（法第14条第12項） | 一般廃棄物処理基準（法第7条第13項） | 産業廃棄物処理基準（法第14条第12項）特別管理産業廃棄物処理基準（法第14条の4第12項） |

令和5年1月作成

| 適正処理困難廃棄物許可不要制度 | | | 市町村長指定制度 | | 都道府県知事指定制度 | |
|---|---|---|---|---|---|---|
| 環境大臣 | | | 市町村長 | | 都道府県知事 | |
| 一般廃棄物 | | | 一般廃棄物 | | 産業廃棄物 | |
| 法第7条第1項但書 規第2条第8号 | 法第7条第6項但書 規第2条の3第6号 | 法第7条第1項但書 規第2条第9号 | 法第7条第1項但書 規第2条第2号 | 法第7条第6項但書 規第2条の3第2号 | 法第14条第1項但書 規第9条第2号 | 法第14条第6項但書 規第10条の3第2号 |
| 収集運搬業 | 処分業 | 収集運搬業 | 収集運搬業 | 処分業 | 収集運搬業 | 処分業 |
| 廃棄物処理法第6条の3を受けて、平成6年厚生省告示第51号で当時4品目だけを規定した。具体的許可不要制度については省令項目として規定している。 | | | | | | |
| 廃タイヤ(自動車用のタイヤが一般廃棄物になったもの) | | 特定家庭用機器、スプリングマットレス、自動車用タイヤ又は自動車用鉛蓄電池 | 再生利用されることが確実と認めた一般廃棄物(専ら再生利用の目的となる一般廃棄物以外) | | 再生利用されることが確実と認めた産業廃棄物(専ら再生利用の目的となる産業廃棄物以外) | |
| ○廃タイヤ(自動車用) | | ○ユニット型エアコンディショナー ○テレビジョン受信機(ブラウン管式) ○電気冷蔵庫 ○電気洗濯機 ○スプリングマットレス ○自動車用タイヤ ○自動車用鉛蓄電池 | (BUN県に例なし)(全国でも稀だと思われる) | (BUN県に例なし) | ○BUN県では「木くず」や家畜の糞尿の堆肥化の事例等有り ○北海道では「動物のふん尿(畜産農業に係るものに限る。)をたい肥としての利用すること」等について一般指定している。 ○東京都では、2018年2月にペットボトルの製造・販売等を行う事業者による自主的な店頭回収廃ペットボトルに係る再生利用指定を行った。 東京都の再生利用指定の内容は次のとおり。 (1) 店頭回収廃ペットボトルからフレークやペレット等の再生プラスチック原料を製造する事業者は「個別指定」の対象。 (2) 個別指定を受けた事業者の再生利用施設(指定再生利用施設)に、店頭回収廃ペットボトルを運搬する者は「一般指定」の対象。 店頭回収廃ペットボトルについては平成28年1月8日付けで環境省から通知が出されている。 | |
| 適正処理困難廃棄物許可不要制度は、平成6年に法律で規定したものの、許可不要制度そのものについては、別立ての条文がある訳ではない。趣旨を生かした形で、その他の許可不要制度と並列の形で省令に規定されている。 また、この制度から約10年後に家電リサイクル法が施行され、家電の製造業者等については、家電リサイクル法の規定による許可不要制度が適用されている。 一方、告示はその後改正されていないことから、極めてわかりにくい制度となっている。これらは省令により規定されていることから、上記の物件で、下記の要件に該当する者は、改めて特段の認定、指定を受けることなく取り扱うことができる。 | | | | | | |
| 再生利用の対象になる廃タイヤのみの収集運搬を業として行う者で次のいずれにも該当する者 ・当該廃タイヤの収集運搬業を行う区域(運搬のみの場合は積卸を行う区域)で産業廃棄物収集運搬業の許可を得ていること ・欠格要件に該当しないこと ・不利益処分を受けた日から5年を経過していない者に該当しないこと | 再生利用の対象になる廃タイヤのみの処分を業として行う者で次のいずれにも該当する者 ・当該廃タイヤの処分業を行う区域で産業廃棄物の処分業の許可を得ていること ・処分を行う施設の処理能力は一日当たり1トン以上で、一般廃棄物処理施設又は産業廃棄物処理施設の設置許可を受けていること ・欠格要件に該当しないこと ・不利益処分を受けた日から5年を経過していない者に該当しないこと | 対象となる物品の販売を業を行う者で、販売業を行う区域でその物品又は同種のものが一般廃棄物になったもののみの収集運搬を業として行う者 ・欠格要件に該当しないこと ・不利益処分を受けた日から5年を経過していない者に該当しないこと | 再生利用されることが確実と認めた一般廃棄物のみの収集運搬を業として行う者 (BUN県に例なし)(全国でも稀だと思われる) | 再生利用されることが確実と認めた一般廃棄物のみの処分を業として行う者 (BUN県に例なし)(全国でも稀だと思われる) | 再生利用されることが確実と認めた産業廃棄物のみの収集運搬業を業として行う者 ○BUN県では数社(個別指定) | 再生利用されることが確実と認めた産業廃棄物のみの処分を業として行う者 ○BUN県では数社(個別指定) |
| | | | 認定基準、手続については、産業廃棄物の再生利用業者の個別指定の例による(昭和53年8月21日環整第90号)(産業廃棄物に関しては、その後平成6年4月、平成11年3月に改正通知) | | 【個別指定】再生輸送業者 ①対象産業廃棄物の排出事業者のみからその運搬の委託を受けること(再委託は不可) ②再生輸送に用いる施設と申請者の能力が産業廃棄物収集運搬業の許可基準に適合すること ③輸送に要する適正な費用の一部のみであると明らかな料金のみを受け取ること、営利を目的としないこと ④再生輸送において生活環境保全上の支障が生じないこと ⑤申請者が欠格要件に該当しないこと 【一般指定】 ・都道府県内で同一形態の取引が多数存在する場合等に、申請によらず都道府県が再生利用に係る産業廃棄物を特定して、収集運搬又は処分する者を一般的に指定するもの ・業界団体等が再生利用を推進するための体制を整備している場合に限り、当該団体等の同意を得た上で団体構成員を一般的に指定するもの | 【個別指定】再生活用業者 ①対象産業廃棄物の排出事業者のみからその処分の委託を受けること(再委託は不可) ②再生活用に用いる施設と申請者の能力が産業廃棄物処分業の許可基準に適合すること ③排出事業者から引き取られた産業廃棄物の大部分が再生の用に供されること ④再生活用に要する適正な費用の一部であると明らかな料金のみを受け取るなど、営利を目的としないこと ⑤再生活用の過程で生じる産業廃棄物の処理を適切に遂行できること ⑥排出事業者との間で当該再生利用に係る取引関係が確立されており、取引関係に継続性があること ⑦申請者が欠格要件に該当しないこと ⑧再生活用において生活環境保全上の支障が生じないこと |
| − | − | − | | | 不要 | 不要 |
| − | − | − | | | 要 | 要 |
| 市町村長 | 市町村長 | 市町村長 | 市町村長 | 市町村長 | 都道府県知事 | 都道府県知事 |
| 市町村長 | 市町村長 | 市町村長 | 市町村長 | 市町村長 | 都道府県知事 | 都道府県知事 |
| 適用無し | 適用無し | 適用無し | 適用無し | 適用無し | 適用無し | 適用無し |
| 不要 | 不要 | 不要 | 不要(但し、事業計画書、事業報告書提出要) | 不要(但し、事業計画書、事業報告書提出要) | 不要(但し、事業計画書、事業報告書提出要) | 不要(但し、事業計画書、事業報告書提出要) |
| 一般廃棄物処理基準(規第2条第8号) | 一般廃棄物処理基準(規第2条の3第6号) | 一般廃棄物処理基準(規第2条第9号) | 無し(指定の条件としている場合あり) | 無し(指定の条件としている場合あり) | 無し(指定の条件としている場合あり) | 無し(指定の条件としている場合あり) |

⑩ 許可不要制度

## 認定・指定制度の経緯

令和5年1月作成

### 再生利用認定制度

◆廃棄物処理法上の支障を生じさせない質が高いものを再生利用する場合に限定し、大臣が個別に認定する制度

一般廃棄物

**【再生利用認定制度】**
(H9.12.17〜)
法第9条の5の2

**【水道移動】**
(H12.10.1〜)
法第9条の8

(H18年)
「廃ゴムタイヤ(自動車用)」の文言を「廃ゴム製品」に改正

(H19年)
金属を含む廃棄物を追加

(H22年)
報告徴収、立入調査権を環境大臣に付与

〈現在に至る〉

産業廃棄物

**【再生利用認定制度】**
(H9.12.17〜)
法第15条の4の2

(H18年)
「廃ゴムタイヤ(自動車用)」の文言を「廃ゴム製品」に改正

(H19年)
金属を含む廃棄物を追加

(H20)二次の2品目追加
○廃却触媒
○廃鋳物砂
○廃情報型製品

(H22年)
報告徴収、立入調査権を環境大臣に付与

〈現在に至る〉

### 広域認定制度

◆製造事業者等が、製品が廃棄物となったものの広範な地域から効率的に再生利用その他の適正処理を行うため、大臣が認定する制度

一般廃棄物

(H6時点では、一般廃棄物に関しては、「適正処理困難物に係って広域的に処理するものとして広い範囲から処理する廃棄物を高度な技術を用いて広域的に処理する制度」)

**【再生利用指定制度】**
(H6.4.14〜)
規第10条の3第3号(処分)

(平成13年〜15年は、適正処理困難物指定、母材的な広域認定とにつながる制度)

**【品目限定許可不要規定】**
(H13.4.1〜)
規第2条第3号(収集運搬)
○廃スプリングマットレス
○廃テレビ用陰極線管
規第2条の3第3号(処分)

**【広域認定制度】**
(H15.12.1〜)
法第9条の9
○廃パーソナルコンピュータ

**【広域認定制度】**
(H15.12.1〜)
法第9条の9
品目を規定していないことから、随次追加認定できている

(H22年)
報告徴収、立入調査権を環境大臣に付与

〈現在に至る〉

産業廃棄物

**【再生利用指定制度】**
(H6.4.14〜)
規第10条の3第3号(処分)

**【品目限定許可不要規定】**
(H13.4.1〜)
規第2条第3号(収集運搬)
○廃スプリングマットレス
○廃テレビ用陰極線管
規第2条の3第3号(処分)

**【広域認定制度】**
(H15.12.1〜)
法第15条の4の3
品目を規定していないことから、随次追加認定できている

(H22年)
報告徴収、立入調査権を環境大臣に付与

〈現在に至る〉

### 無害化処理認定制度

◆石綿等、人の健康又は生活環境に係る被害を生ずるおそれがある性状を有する廃棄物を、高度な技術を用いて無害化処理を行おうとする場合に大臣が個別に認定する制度

一般廃棄物

**【無害化処理認定制度】**
(H18.7.27〜)
○石綿含有一般廃棄物

(H22年)
報告徴収、立入調査権を環境大臣に付与

〈現在に至る〉

産業廃棄物

**【無害化処理認定制度】**
(H18.7.27〜)
○廃石綿等
○石綿含有産業廃棄物

(H21年)
○廃PCB等(変圧器又はOFケーブルに使用された低濃度PCB汚染絶縁油)
○PCB汚染物(微量PCB汚染廃電気機器)

(H22年)
PCB処理物で上記PCBを処分するものの追加

(R1年)
PCB汚染物の付第1等の濃度について改正

〈現在に至る〉

### 適正処理困難物指定制度

◆市町村の技術、設備では適正な処理を行うことが困難な廃棄物を指定し、その製造・加工・販売事業者に処理への協力を求めることができる制度を設けたことに伴い、処理協力を円滑に進める観点から、製造・加工・販売事業者に一定量を満たす場合に限定を要する不要を講じるもの

一般廃棄物

**【適正処理困難物の指定】**
(H6.3.14〜)
法第6条の3
○廃ゴムタイヤ(自動車用)
○廃テレビ用陰極線(25型以上)
○廃電気冷蔵庫(250以上)
○廃スプリングマットレス

(H7年からは14年までの経緯上必要6号・規第2条の3第5号には広域処理によるなどにより適正運搬困難物によることのかが不要であることがわかったが、それは厚つの文言が削除されていることから、現在では本文を見ただけでは、適正処理困難物としての歴史なのか判別難きなのである。)

**【再生利用指定制度】**
(H7.11.13〜)
規第2条第3号(収集運搬)
規第2条の3第3号(処分)
○廃タイヤ(自動車用)

**【品目限定許可不要規定】**
(H13.4.1〜)
規第2条第9号(収集運搬)
規第2条の3第9号(処分)
○廃タイヤ(自動車用)

〈現在に至る〉

**【適正処理許可不要規定】**
(H7.4.25〜)
規第2条第5号(収集運搬)
○廃テレビ受像機(25型以上)
○廃電気冷蔵庫(250以上)
○廃スプリングマットレス

**【品目限定許可不要規定】**
(H13.4.1〜)
規第2条第6号(収集運搬)
○特定家庭用機器
○自動販売機
○廃スプリングマットレス
の販売者

(H16)
○自動車用蓄電池を追加

〈現在に至る〉

### 市町村長指定制度

◆市町村長が必要と認め、専ら再生利用の目的となる廃棄物の収集、運搬、処分を行う者に対して行われる

一般廃棄物

**【再生利用指定制度】**
(S53.8.10〜)
規第2条第4号

**【再生利用指定制度】**
(H6.4.1〜)
規第2条第2号(収集運搬)
規第2条の3第2号(処分)

〈現在に至る〉

### 知事指定制度

◆専ら再生利用の目的となる廃棄物のみを引き取り、専ら再生利用の確認が行われていると知事が認めた者、都道府県知事が処理業者からの処分を確認し、許可の対象外に位置づけるために行った際の許可不要制度

産業廃棄物

**【再生利用指定制度】**
(SS2.3.15〜)
規第9条第3号

**【再生利用指定制度】**
(H6.4.1〜)
規第9条第2号(収集運搬)
規第10条の3第2号(処分)

平成11年3月1日改正通知

(h28)
「店頭回収ペットボトルについて」課職解通知

〈現在に至る〉

88

# 第11章

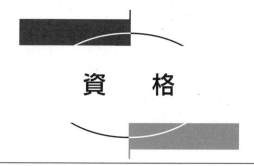

# 資 格

質問　廃棄物処理法に出て来る「資格」にはどんなものがあるか解説してくれませんか。また、どうやったらその資格が取れるのか教えてください。

〔みなっち〕　そうねぇ。「特管責任者」とか「技術管理者」とかは聞いたことがあるような気がする。「厚生大臣認定講習会修了者」のことは「土日で入門」にも出てきたよね。でもどれが何の資格なの？　BUNさん説明してちょうだいな。

〔BUNさん〕　はいはい、BUNさんはライセンスマニアなんで、こういった質問大歓迎です。「資格」は取得する時に、それなりに勉強するし、取得した後も本人の自覚も出て、いい制度だと思います。ただ、廃棄物処理法に関する資格は他の分野の「公害防止管理者」や「浄化槽管理士」のような「一般の方を対象とする国家資格試験」じゃないものばっかりなんですよ。だから、BUNさんも廃棄物処理法の資格で免状を持ってるものが一つも無い。この本の巻末に掲げた資格でも、廃棄物処理法に関連する本の著者であるにもかかわらず、廃棄物処理法関連が一つも無いのはそういう理由もあるんです。

〔みなっち〕　それって負け惜しみってことじゃないわよね。

〔BUNさん〕　もう、嫌な性格。まぁ、それを証明するためにも説明していきましょうかねぇ。まず一個一個説明する前に忘れると悪いからとりあえず列挙してみましょうか。

　産業廃棄物処理施設技術管理者、一般廃棄物処理施設技術管理者、特別管理産業廃棄物処理責任者、「的確に遂行する能力の講習会修了者」、環境衛生指導員、廃棄物処理責任者といったとこかなぁ。

〔みなっち〕　ふ〜ん、結構あるのね。じゃ、産業廃棄物処理施設技術管理者、一般廃棄物

処理施設技術管理者って言うのからお願いね。

## 1　産業廃棄物処理施設技術管理者、一般廃棄物処理施設技術管理者

〔BUNさん〕　これは、廃棄物処理法の中では一番「資格」って感じがするやつで、廃棄物処理法第21条で規定されていて、原則として、廃棄物処理施設には、この資格者を置かなくちゃなんないって規定している。

　「廃棄物処理施設」って言うのは「廃棄物を処理する施設はなんでも」ってことじゃない。一般廃棄物であれば、廃棄物処理法第8条、産業廃棄物であれば同じく法第15条で規定している「設置にあたって許可の要る施設」です。（一般廃棄物処理施設で市町村設置の場合は、廃棄物処理法第9条の3により「設置届出」になるけどね。）

〔みなっち〕　あっ、それ覚えてる。産業廃棄物の廃プラだったら、たしか、焼却炉なら許可要るけど、溶かす施設なら許可は要らない。汚泥の乾燥施設なら許可要るけど、動植物性残渣の乾燥施設なら許可不要って話ね。（5章の「処理施設」参考にしてね。）

〔BUNさん〕　そうそう、よく覚えていたね。施設の規模や能力によっても許可が要らなかったり、必要だったりするから、そこのところはもう一度「土日で入門、廃棄物処理法」や英保次郎先生の「図解　廃棄物処理法」、法律そのもので確認してね。

　で、この要許可施設である廃棄物処理施設については、「技術管理者」という資格者が求められる訳だ。ただ、1施設だけ例外が設けられている。

〔みなっち〕　それは何？

〔BUNさん〕　政令第21条の規定で「処理能力が500人分以下のし尿処理施設」だけは技術管理者は要らないんだ。

---

（技術管理者、趣旨抜粋）
法律第二十一条　一般廃棄物処理施設（政令で定めるし尿処理施設及び一般廃棄物の最終処分場を除く。）の設置者又は産業廃棄物処理施設（政令で定める産業廃棄物の最終処分場を除く。）の設置者は、当該一般廃棄物処理施設又は産業廃棄物処理施設の維持管理に関する技術上の業務を担当させるため、技術管理者を置かなければならない。

（技術管理者を置くことを要しないし尿処理施設等）
政令第二十三条　法第二十一条第一項　の政令で定めるし尿処理施設は、処理能力が五百人分以下のし尿処理施設とする。

---

〔みなっち〕　どれどれ？確認してみようかな。ほんとだ。これだけが規定してるね。あれ？( ﾟ ﾟ )ちょっと待って、技術管理者を規定している法律の方には括弧書で「政令で定めるし尿処理施設及び最終処分場を除く」って書いているのに、政令にはし尿処理施設だけ書いてあって最終処分場は書いてないわ。私の法令集、不良品かな。

〔BUNさん〕　いやいや、どの法令集もそうなんだよ。ここの規定は、とっても誤解を招く

規定の仕方だよね。これは実は経緯があって、以前は最終処分場でも技術管理者が要らない処理施設があったんだよ。安定型と2000㎡未満の管理型の最終処分場が技術管理者が要らない処理施設だったんだよ。これが、平成4年の時に改正したんだけど、政令の方からだけ最終処分場の規定を削除して、法律の方はそのままにしている。条文上は「政令で規定する」って規定だから、政令で規定していなければそれまでなんだろうけど、間違い易い規定の仕方だよね。

　「要許可施設」には技術管理者は付き物ってして、「処理能力が500人分以下のし尿処理施設」なんて、そんなに数がある訳じゃないし、なんかのついでに法律の括弧書とっちゃえばいい思うんだけどね。

〔みなっち〕　そんなこと言ったって、今まで「資格者は要らない」って言ってた施設に「要りますよ」って言われても困るんじゃないの。

〔BUNさん〕　それが、これからの話につながるんだけど、多分、影響ないと思う。

〔みなっち〕　えっ、それはどうして？だって、資格取るのって大変なんでしょ。

〔BUNさん〕　それがそうでもないんだなぁ。実は、技術管理者に限らず廃棄物処理法にかかわる「資格」って、実務経験ってことをとても重視しているんだ。

　具体的に言えば、技術管理者にしても実務経験だけで取得出来る。法令集持ってるなら省令第17条第3号で準用する第8条の17第2号「チ」を見てみて。

〔みなっち〕　ほんとだ。「10年以上廃棄物の処理に関する技術上の実務に従事した経験を有する者」ってあるわね。

〔BUNさん〕　「チ」に行くまでに「イロハニホヘト」がある訳だけど、「イ」を除いては学歴と実務経験の組み合わせになる。大学の化学・衛生関係学部を出れば実務経験は2年でいいし、なんら学歴がなくとも実務経験10年で「資格有り」となる訳だ。

　だから、さっきの話に戻るけど「処理能力が500人分以下のし尿処理施設」なんて小さな処理施設は最近は造らないだろうから、その施設に従事している職員さんの多くは「実務経験」で「技術管理者の資格」を有している人が大勢いると思うよ。

〔みなっち〕　ふ〜ん、なんか、気合が抜けちゃうなぁ。実務経験で資格取れるのはいいけど、試験も受けずにいつの間にか「資格有り」ってなって、しかも「免状」なんかは特段交付されない訳でしょ。

〔BUNさん〕　そうなんだ。BUNさん個人としては、その点は廃棄物処理法の弱いところかなぁと感じてる。なにも実務経験を軽視する訳じゃないし、実務と言うのはとても大事な要素だとは思うけど、系統立った学習や第三者による客観的な評価がなされないままに「資格有り」となることには抵抗があるねぇ。やっぱり、なんらかの「講習会修了」とか「試験合格」のようなハードルが欲しいと思うんだなぁ。しかも、規制緩和関連の改正で、技術管理者についてはその就任の状況を届け出ることがなくなっちゃったんだ。

〔みなっち〕　それってどういうこと？

## 2 選任義務はあるのに届出なくていいの？

〔BUNさん〕 以前は、処理施設の設置者は技術管理者について届出をすることが義務づけられていて、技術管理者が交替した時などは届出をしなくちゃなんなかった。だから、行政側は常に「どこそこの処理施設の技術管理者は誰それ」、つまり「A会社のB工場の焼却施設の技術管理者はCさんだ」ってことを把握していた。だから、「この度Cさんの転勤で技術管理者はDさんに代りました。」って時は、行政側はDさんが本当に技術管理者の資格を有しているかをチェックすることができた。

「技術管理者の選任義務」はあるから、工場側では誰かしらは技術管理者として選任しておかなくちゃなんないんだけど、それが届出制度を廃止しちゃったために、具体的にそれが誰かは行政側は分からないってことになっちゃう。

〔みなっち〕 でも、それは行政側の都合であって、社会としては誰でもいいから選任しておけばいい訳でしょ。

〔BUNさん〕 そりゃ、そのとおりなんだけど、さっきも言ったとおり、この技術管理者って実務経験だけでもなれる資格でしょ。「免状」でもあれば、本人の自覚も有り、会社としても把握している時が多いだろうけど、そうじゃないだけに、今までの技術管理者が定年で退職した、なんてことがあるとついつい誰が技術管理者なのか、行政側はもちろん、会社の方も失念している時が多いんだなぁ。

〔みなっち〕 それもそうねぇ。本人が資格取得を目指して国家試験に挑戦して、難関をくぐり抜けてみごと免状を手にしたって言うなら忘れないけど、普通に工場に勤務してて10年過ぎたんでいつの間にか資格有りって言うのは自覚無いわよねぇ。なんか「ありがた味」も少ないし。

〔BUNさん〕 そうなんだ。でも、なんとなく「ありがた味」が少ない技術管理者の資格なんだけど、責任は大きいんだ。さっき紹介した廃棄物処理法第21条第2項には次のように規定している。

> 2　技術管理者は、その管理に係る一般廃棄物処理施設又は産業廃棄物処理施設に関して第八条の三又は第十五条の二の二に規定する技術上の基準に係る違反が行われないように、当該一般廃棄物処理施設又は産業廃棄物処理施設を維持管理する事務に従事する他の職員を監督しなければならない。

つまり、現場、技術における監督者ってことだね。わかり易い例で言うならこんなことかなぁ。維持管理が悪いと改善命令をかけられたり、さらにそれが原因で措置命令なんかをかけられたりすることが有り得る訳だけど、この命令の対象として、会社の社長さんと並んで技術管理者も対象者に成り得る。命令違反は最高刑で懲役5年以下だからねぇ。技術管理者の責務は重大だよ。

〔みなっち〕 こんなに大変な職務なら何カ所も受け持つのは至難の技ね。

〔BUNさん〕　「何カ所も」なんてとんでもない。技術管理者については、廃棄物処理法ができた当初から次のような疑義応答があるんだ。

> 技術管理者（昭和47年1月10日通知、平成5年改訂通知）
> 問　技術管理者について
> 　(1)企業が所在地の異なる産業廃棄物処理施設を所有する場合に、一人の技術管理者に兼任させて維持管理に関する技術上の業務を担当させてよいか。
> 　(2)異なる企業の工場が隣接する場合に、産業廃棄物処理施設をそれぞれに設置し、同一の技術管理者に管理させてよいか。
> 答　いずれの場合にあっても、それぞれ専従の技術管理者を置かなければならない。

〔みなっち〕　でも、こんなに大変な技術管理者なら免状のひとつも欲しいわねぇ。

〔BUNさん〕　実は、免状を手にする方法もあるんだ。

〔みなっち〕　えっ、なになに。どうしたら免状をもらえるの？

〔BUNさん〕　技術管理者の資格を規定しているのは省令第17条なんだけど、この最後に「前三号に掲げる者と同等以上の知識及び技能を有すると認められる者」っていう規定がある。多くの自治体ではこの「同等以上の知識及び技能を有すると認められる者」として、日本環境衛生センターで開講している技術管理者講習会の修了者を認めている。で、講習会を修了すれば免状がもらえるって訳さ。

〔みなっち〕　それを早く言ってよ。私も受講申し込んでみるから。

〔BUNさん〕　・・・・。

〔みなっち〕　どうしたのよ？

〔BUNさん〕　実は、この講習会も誰でも受講できるってことじゃないんだ。「学歴と実務経験の組合わせで資格有り」になるってさっき話したでしょ。この講習会の受講資格も、「学歴と実務経験」を満たしていないと受講できない。

〔みなっち〕　えぇ～、だめじゃん。それって講習会受講する意味なくない？

〔BUNさん〕　でもね、講習会受講資格は「それだけで資格有り」の実務経験年数の概ね半分の年数でいいし、経験内容も若干緩和しているコースもある。そして、なんといっても、「資格あり」と言われても、やっぱり、それなりの系統だった知識って欲しいじゃない。だから、BUNさんとしては、技術管理者を名乗って、実務に携わるなら是非この講習会は受講して欲しいと思っている。

　なお、この講習会の詳細を97頁に掲載したから、自分の経験が技術管理者としての実務経験として認められるかや、自分の業務としてはどのコースが最も適しているかなどの参考にしてみて。

　ただ、平成23年に規制改革一括法の関係で、市町村設置一般廃棄物技術管理者について次の改正があった。

11
資　格

> 3　第1項の技術管理者は、環境省令で定める資格（市町村が第6条の2第1項の規定により一般廃棄物を処分するために設置する一般廃棄物処理施設に置かれる技術管理者にあっては、環境省令で定める基準を参酌して当該市町村の条例で定める資格）を有する者でなければならない。

〔みなっち〕　これって、どういうこと？今まで話してくれた技術管理者の資格じゃだめってこと？

〔BUNさん〕　昭和40年代に廃棄物処理法が施行されて以降、今までは、産業廃棄物処理施設も一般廃棄物処理施設の技術管理者も同一の資格（施設の種類により、実質的には違いがあるものの）でやってきた。

　ところが、これからは市町村の一般廃棄物処理施設については、「条例で定める資格」、すなわち自分達で勝手に決めてよい、ということになるね。

　極端な話として条例で「実務経験1日以上」と定めれば、わずか1日で技術管理者になることも、「電波法に規定する無線従事者」、「宅建業法に定める宅建主任者」のように、廃棄物処理施設とは縁もゆかりもないような規定の仕方さえ可能になった、ということかな。

〔みなっち〕　そんなぁ。さっき、技術管理者って従業員のリーダー的存在って話したばっかりでしょ？

　それが、どうでも、誰でもいいみたいじゃ困るじゃないの。

〔BUNさん〕　まぁ大丈夫でしょう。「環境省令で定める基準を参酌して」とあるし、そもそも条例を制定するのは市町村という自治体であることから、現実には途方もない規定はしないでしょ。

　ちなみに、「参酌」とは、「他のものを参考にして長所を取り入れること。」という意味であり、行政処分指針などでも使用されている法律用語だよ。

　おそらく、ほとんどの市町村条例では、「環境省令で定める基準」ってすると思うけど、市町村によっては資格者の確保が困難であったりすれば、省令基準より緩い（ハードルの低い）条例を制定するところも出てくるかも知れない。

　一方、住民の環境意識の高まりから、省令基準より厳しい（ハードルが高い）条例とするところも出てくるかもしれないね。

## 3　特別管理産業廃棄物管理責任者

〔BUNさん〕　「処理施設における技術管理者」の概念がわかっていただければ、あとは理解は早いよ。技術管理者と似たような資格に「特別管理産業廃棄物管理責任者」がある。ここから以降、「特別管理産業廃棄物管理責任者」って長いから「特管産廃管理責任者」って言うね。

> （事業者の特別管理産業廃棄物に係る処理）
> 第十二条の二
> 8　その事業活動に伴い特別管理産業廃棄物を生ずる事業場を設置している事業者は、当該事業場ごとに、当該事業場に係る当該特別管理産業廃棄物の処理に関する業務を適切に行わせるため、特別管理産業廃棄物管理責任者を置かなければならない。ただし、自ら特別管理産業廃棄物管理責任者となる事業場については、この限りでない。
> 9　前項の特別管理産業廃棄物管理責任者は、環境省令で定める資格を有する者でなければならない。

　技術管理者が「処理施設（要許可施設）」に付き物だったように、特管産廃排出事業所には特管産廃管理責任者という資格者が必要なんだ。この資格は感染性産業廃棄物を生ずる事業所とそれ以外の特管産廃排出事業所で資格要件が異なる。

　感染性産業廃棄物を生ずる事業所の特管産廃管理責任者は医師、看護士等の医療関係の資格者は特段の講習会や実務経験がなくともそのまま「資格有り」となる。（医師、看護士以外の具体的な資格は省令第8条の17を見てね）

　感染性以外の特管産廃管理責任者は技術管理者と同じように規定している。そして、これも技術管理者と同じで「資格者を置かなければならない」義務はあるけど、着任届出とか変更届出とかは無い。

〔みなっち〕　ふ〜ん、なんか厳しいのか厳しくないのか。他の法律で規定している「資格者」「ライセンス」って感じじゃないわね。ところで、この技術管理者や特管産廃管理責任者の資格要件にも出てくる「環境衛生指導員」っていう資格はなに？あまり聞き馴れないけど。

## 4　環境衛生指導員、「業を的確に遂行できる能力講習会」修了者、廃棄物処理責任者

〔BUNさん〕　そうだね。「環境衛生指導員」っていうのは一般の人には馴染み無いよね。これは、BUNさん達のように行政にいて立入検査を仕事とする立場の資格なんだ。廃棄物処理法と浄化槽法にだけ登場する資格。理系の大学を出るか、行政で環境衛生に関する実務経験が3年以上あると「環境衛生指導員」になれる。「なれる」といっても実際に行政にいて立入検査を仕事にしなければ、必要の無い資格なんでまぁ、多くの皆さんにはあんまり関係の無い資格だね。

〔みなっち〕　あとは「的確に遂行する能力の講習会修了者」って資格？これはどんなの？

〔BUNさん〕　これは廃棄物処理法第14条の産廃処理業の許可の要件として省令第10条第2号「イ」に次のように規定されている。

> （産業廃棄物収集運搬業の許可の基準、抜粋）
> 第十条 法第十四条第五項第一号 の規定による環境省令で定める基準は、次のとおりとする。
> 二 申請者の能力に係る基準
> イ 産業廃棄物の収集又は運搬を的確に行うに足りる知識及び技能を有すること。

　でも、「的確に行うに足りる知識及び技能を有すること。」って言われても、どういう人物が「的確に行うに足りる」か客観的に判断しづらいし、公平性が保てない。そこで、多くの県（許可権限者）では（公財）日本産業廃棄物処理振興センターが開催している産廃処理業許可申請講習会の修了をもって「的確に行うに足りる知識及び技能を有する。」と判断している。この講習会は近年は結構厳しくしてきているし、系統立った講習内容になっていることから、BUNさんとしてはそれなりの価値は見いだしているし、この運用でいいんじゃないかと思っている。

　それに、この講習会は業の許可更新にあたっては再講習を受けなくちゃなんないから、法律改正が頻繁な廃棄物処理分野においては、貴重な情報収集の機会だと思うよ。

〔みなっち〕　あと、出てくる資格としては「廃棄物処理責任者」って言うのがあるわね。これはどんなの？

〔BUNさん〕　これは、「資格」でもなんでもないんだ。廃棄物処理法の過去の度重なる改正の「名残」みたいなものと言ってもいいかも。まだ、「特別管理」の概念がなかった時代に、「特に注意しなければならない排出事業所ってどういうところがあるだろう。そういう所は特に管理体制を整えなくては。」との発想があった。そこで、「量」と「質」を考えたら、量は15条の処理施設がある所、質は有害物を出す所と言う発想になり、処理施設設置事業所と有害物排出事業所には特別な管理体制を敷こう、となった訳。

　そこで、事業所で監督的な立場にいる人物を「廃棄物処理責任者」ってことで任命しようと考えた訳さ。まぁ、交通安全分野の「交通安全管理者」みたいな感じかな。ところが、幾多の改正で「量」は「多量排出事業者」の規定が出来たし、有害物は特別管理廃棄物の概念が出来た。そして現在の条文では「15条許可施設設置事業者」にだけ、この「廃棄物処理責任者」って人物の選任義務だけが残ったってこと。

　でも、この「廃棄物処理責任者」ってなんら資格要件も規定されていないし、「必ず社長、工場長、支社長がなること」のような規定もないことから、どうも実効性の欠ける規定になってしまっていると言わざるを得ないねぇ。

## 5　資格は実務経験の重視だけでなく

〔みなっち〕　ん～、聞いてみると、最初にBUNさんが言っていたとおり、廃棄物処理法の資格って、他の分野と比べると、今一つ「がんばって資格取得しょう。」って意志が沸かないわねぇ。なんか、人の立場によっては「挑戦したくてもできない」、一方別な立場

によっては「要らなくても知らず知らずに＜資格有り＞になってた」みたいな資格ねぇ。

〔BUNさん〕　そうなんだ。BUNさんは、廃棄物処理法の資格はもっとランクを明確にして、もっと広く門戸を開いた方がいいと思う。実務経験の重要性を否定するものじゃないけど、あんまり実務経験ばっかり重要視すれば、徒弟制度みたいになっちゃって新しい技術や知識が入りにくいと思う。公害防止管理者だって、環境計量士だって実務経験がなくても国家試験で合格して、それから見事に実務をこなしている人はいっぱいいる。実務経験で資格を得るコースとともに難度は高くてもいいから、実務経験が無くても、誰でも挑戦出来る国家試験で資格を得られることができるコースはあってもいいと思うねぇ。

　また、現状ではこういった資格は会社の幹部の人だけが取得すれば済む形態になっている。産廃処理業者さんで実際に産廃の収集運搬をしている運転手さんやマニフェストを交付している事務員さんなんかは、特段の資格を要求されていない。こんなに社会問題化している廃棄物に携わる人達にはやはり一定レベルの知識、技能を持って欲しいよね。そういう人達になんらかの「資格」を持っていただくってことはあってもいいことだと思う。

　そうすることで、いろんな人に廃棄物処理の分野に興味を持ってもらえるってこともあるし。

〔みなっち〕　最後は「BUNさん哲学」の拝聴と言うことで、廃棄物処理法関連資格者のおさらいをしてみました。

## 廃棄物処理施設技術管理者講習

受講資格区分
学歴と卒業後の技術上の実務経験年数

| 受講資格区分番号 | 学　歴　等 | 年　数 |
|---|---|---|
| 1 | 技術士法（昭和58年法律第25号）第2条第1項に規定する技術士（化学部門、上下水道部門又は衛生工学部門に係る第2次試験に合格したものに限る。） | 廃棄物処理実務経験年数不問 |
| 2 | 技術士法第2条第1項に規定する技術士（上欄「1」に該当する者を除く） | 合格後の廃棄物処理実務経験年数1年以上 |
| 3 | 廃棄物処理法第20条に規定する環境衛生指導員の職にあった者 | 環境衛生指導員として2年 |
| 4 ※注① | 学校教育法に基づく4年制大学の理学、薬学、工学、農学の課程（相当する課程を含む、但し、教養科目ではなく専門課程）で「衛生工学または化学工学等の科目」を履修し、卒業した者 | 卒業後の廃棄物処理実務経験年数2年以上 |
| 5 | 学校教育法に基づく4年制大学の理学、薬学、工学、農学の課程（相当する課程を含む）を卒業した者で、上欄「4」に示す科目を履修しなかった者 | 卒業後の廃棄物処理実務経験年数3年以上 |
| 6 ※注② | 学校教育法に基づく短期大学若しくは高等専門学校の理学、薬学、工学、農学の課程（相当する課程を含む）で「衛生工学または化学工学等の科目」を履修し、卒業した者 | 卒業後の廃棄物処理実務経験年数4年以上 |
| 7 | 学校教育法に基づく短期大学若しくは高等専門学校の理学、薬学、工学、農学の課程（相当する課程を含む）を卒業した者で、上欄「6」に示す科目を履修しなかった者 | 卒業後の廃棄物処理実務経験年数5年以上 |
| 8 | 学校教育法に基づく高等学校（定時制含む）において土木科、化学科またはこれらに相当する学科を修めて卒業した者 | 卒業後の廃棄物処理実務経験年数6年以上 |
| 9 ※注③ | 学校教育法に基づく高等学校を卒業した者（4年制大学若しくは専門職大学の文系卒業者はこの区分に入ります） | 卒業後の廃棄物処理実務経験年数7年以上 |
| 10 | 学歴不問 | 廃棄物処理実務経験年数10年以上 |

※注①　専門職大学の卒業者で「4」若しくは「5」に示す科目を履修した者を含みます。
※注②　短期大学卒業者として、水産大学校、防衛大学校、航空大学校、海上保安大学校、気象大学校、海技大学校、農業大学校、職業能力開発総合大学校、商船高等学校を卒業した者を含みます。
　　　　各種専門学校、専修学校は高等学校・高等専門学校に該当しません。
　　　　専門職短期大学の卒業者で「6」に示す科目を履修した者を含みます。
※注③　高等学校卒業者として、大学入学資格検定試験に合格した者を含みます。

出典：一般財団法人 日本環境衛生センター
廃棄物処理施設技術管理者講習募集要項

⑪

資

格

## 具体的実務の記入例

受講資格区分番号が2、4、5、6、7、8、9、10の方は、具体的実務の記入が必要になります。

| コース名 | 具 体 的 実 務 の 記 入 例 |
|---|---|
| ごみ処理施設コース | ・一般廃棄物の焼却施設、溶融施設における運転業務、保守・点検業務（ただし、受付業務、焼却灰等の搬出作業は含まない）。<br>・コンサルタントで一般廃棄物の焼却施設、溶融施設の設計、施設計画、建設指導、機能検査業務を含む。<br>・メーカーで一般廃棄物の焼却施設、溶融施設の設計、施設計画、建設現場業務（据付、試運転、調整）を含む。 |
| し尿・汚泥再生処理施設コース | ・し尿処理施設、コミュニティプラント施設および浄化槽における運転業務、設備の保守・点検業務（ただし受付業務、汚泥・焼却灰等の搬出作業は含まない）。<br>・コンサルタントでし尿処理施設の設計、施設計画、機能検査業務を含む。<br>・メーカーでし尿処理施設の設計、施設計画、建設現場業務（据付、試運転、調整）を含む。<br>・下水処理場において水処理工程の運転業務、水処理工程の保守、点検業務を含む。 |
| 破砕・リサイクル施設コース | ・一般廃棄物粗大ごみ処理施設、破砕施設および機械選別施設において、運転業務、設備の保守・点検業務（ただし、受付業務、破砕物等の搬出業務は含まない）。<br>・コンサルタントで一般廃棄物粗大ごみ処理施設、破砕施設および機械選別施設の設計、施設計画、建設指導、機能検査業務を含む。<br>・メーカーで一般廃棄物粗大ごみ処理施設、破砕施設および機械選別施設の設計、施設計画、建設現場業務（据付、試運転、調整）を含む。<br>・回収古紙の破砕、圧縮機械の運転業務、保守・点検業務。<br>・廃プラスチック類の破砕機の運転業務、破砕機の保守・点検業務。<br>・木くず、がれき類の破砕機の運転業務、破砕機の保守・点検業務。<br>・リサイクルプラザなどで機器を使用したアルミ、鉄、可燃物などの破砕・選別機の運転業務、機器の保守・点検業務。<br>・その他、ペットボトル、空き瓶、空き缶、紙容器、廃自動車、廃家電製品などの廃棄物を機器を使用しての破砕、選別、圧縮業務を含む。 |
| 有機性廃棄物資源化施設コース | ・RDF施設、炭化・ガス化施設、メタン発酵施設、高速堆肥化施設、その他バイオマス利活用関連施設における運転業務、保守・点検業務。<br>・コンサルタントで上記施設の設計、施設計画、建設指導、機能検査業務を含む。<br>・メーカーで上記施設の設計、施設計画、建設現場業務（据付、試運転、調整）を含む |
| 産業廃棄物中間処理施設コース | ・汚泥の脱水施設における運転業務、設備の保守・点検業務。<br>・汚泥の乾燥施設における運転業務、設備の保守・点検業務。<br>・廃油の油水分離施設における運転業務、設備の保守・点検業務。<br>・廃酸・廃アルカリ施設における運転業務、設備の保守・点検業務。<br>　（工場の排水処理施設における運転業務、設備の保守・点検業務は実務経験とはならない場合がある。）<br>・有害汚泥のコンクリート固型化施設における運転業務、設備の保守・点検業務。<br>・水銀汚泥のばい焼施設における運転業務、設備の保守・点検業務。<br>・シアン化合物の分解施設における運転業務、設備の保守・点検業務。<br>・廃水銀等の硫化及び固型化施設における運転業務、設備の保守・点検業務。<br>・PCBの分解、洗浄施設における運転業務、設備の保守・点検業務。<br>・廃プラスチック類の油化・溶融加工・固形燃料化設備における運転業務、設備の保守・点検業務。<br>・廃油の蒸留設備における運転業務、設備の保守・点検業務。<br>・メーカーで上記施設の設計、施設計画、建設現場業務（据付、試運転、調整）を含む。 |
| 産業廃棄物焼却施設コース | ・汚泥の焼却施設における運転業務、設備の保守・点検業務。<br>・廃油の焼却施設における運転業務、設備の保守・点検業務。<br>・廃プラスチック類の焼却施設における運転業務、設備の保守・点検業務。<br>・廃PCB等の焼却施設における運転業務、設備の保守・点検業務。<br>・その他の焼却施設における運転業務、設備の保守・点検業務。<br>　（野焼き又は環境汚染源となるような小規模焼却炉における運転業務は実務経験とはならない。）<br>・メーカーで産業廃棄物焼却施設の設計、施設計画、建設現場業務（据付、試運転、調整）を含む。 |
| 最終処分場コース | ・一般廃棄物最終処分場および産業廃棄物最終処分場における埋立作業（覆土作業、転圧作業、敷き均し作業）、排水処理施設の運転、保守、点検業務。<br>　（ただし、廃棄物の受入・計量業務の経験は実務経験とはならない。）<br>・コンサルタントで最終処分場の設計、施設計画、建設指導、機能検査業務（分析業務のみは不可）を含む。 |

※コンサルタント、メーカーでの実務は別紙一覧表の作成が必要です。

出典：一般財団法人 日本環境衛生センター<br>廃棄物処理施設技術管理者講習募集要項

## 廃棄物処理施設と受講コース及び取得できる認定証

| 廃棄物処理施設の種類・能力 | | | 受 講 コ ー ス | 取得できる認定証 |
|---|---|---|---|---|
| 種　　　類 | 処 理 能 力 など | | 下記各コースにそれぞれ【基礎・管理課程】と【管理課程】があり、学歴・経験等の受講資格に応じて、どちらかの課程を受講することとなります。 | 【基礎・管理課程】、【管理課程】とも同じ認定証を交付します。 |
| 一般廃棄物処理施設 | ◎ごみ処理施設<br>（但し破砕・圧縮・梱包・選別・粗大ごみ処理施設、RDF施設、高速堆肥化施設を除く） | 処理能力1日5t以上のごみ処理施設<br>焼却施設にあっては<br>・処理能力が1時間200kg以上の施設<br>・火格子面積2㎡以上の施設 | A　ごみ処理施設コース | 「ごみ処理施設技術管理士」 |
| | ◎し尿・汚泥再生処理施設<br>（浄化槽は対象外） | 処理能力が500人分を超えるし尿・汚泥再生処理施設 | B　し尿・汚泥再生処理施設コース | 「し尿・汚泥再生処理施設技術管理士」 |
| 一般廃棄物及び産業廃棄物処理施設 | 一廃　◎破砕・圧縮・梱包・選別・粗大ごみ処理施設 | 処理能力1日5t以上の施設 | C　破砕・リサイクル施設コース | 「破砕・リサイクル施設技術管理士」 |
| | 産廃　◎廃プラスチック類の破砕施設<br>◎木くず又はがれき類の破砕施設<br>（解体自動車の破砕施設を含む） | 処理能力1日5tを超える施設 | | |
| | 一廃　◎一般廃棄物最終処分場 | 全施設 | F　最終処分場コース | 「最終処分場技術管理士」 |
| | 産廃　◎産業廃棄物最終処分場<br>・しゃ断型最終処分場<br>・管理型最終処分場<br>・安定型最終処分場 | | | |
| | 一廃　◎ごみ固形燃料化設備(RDF施設)<br>◎炭化、ガス化施設<br>◎メタン発酵施設<br>◎高速堆肥化施設<br>（その他バイオマス利活用関連施設を含む） | 処理能力1日5t以上の施設 | K　有機性廃棄物資源化（バイオマス利活用関連）施設コース | 「有機性廃棄物資源化施設技術管理士」 |
| | 産廃　◎バイオマス施設<br>◎炭化、ガス化施設<br>◎メタン発酵施設<br>◎高速堆肥化施設<br>◎BDF製造施設（廃食用油燃料化施設）<br>（その他バイオマス利活用関連施設を含む） | | | |
| 産業廃棄物処理施設 | ◎汚泥の脱水施設<br>◎汚泥の乾燥施設<br>◎廃油の油水分離施設 | 処理能力が1日10㎡を超える施設<br>（天日乾燥施設の場合1日100㎡を超える施設） | D　産業廃棄物中間処理施設コース<br>※（焼却、破砕・リサイクル、バイオマス利活用関連を除くので、コース選択時にご注意ください。） | 「産業廃棄物中間処理施設技術管理士」 |
| | ◎廃酸・廃アルカリの中和施設 | 処理能力が1日50㎡を超える施設 | | |
| | ◎有害汚泥のコンクリート固型化施設<br>◎水銀汚泥のばい焼施設<br>◎シアン化合物の分解施設<br>◎廃PCB等の分解施設<br>◎PCB汚染物等の洗浄施設<br>◎石綿含有産業廃棄物等の溶融施設<br>◎廃水銀等の硫化施設 | 全施設 | | |
| | ◎汚泥の焼却施設 | 処理能力が1日5㎡を超える施設<br>処理能力が1時間200kg以上の施設<br>火格子面積2㎡以上の施設 | E　産業廃棄物焼却施設コース | 「産業廃棄物焼却施設技術管理士」 |
| | ◎廃油の焼却施設 | 処理能力が1日1㎡を超える施設<br>処理能力が1時間200kg以上の施設<br>火格子面積2㎡以上の施設 | | |
| | ◎廃プラスチック類の焼却施設 | 処理能力が1日100kgを超える施設<br>火格子面積2㎡以上の施設 | | |
| | ◎廃PCB等の焼却施設 | 全施設 | | |
| | ◎その他の産業廃棄物の焼却施設 | 処理能力が1時間200kg以上の施設<br>火格子面積2㎡以上の施設 | | |

【注意】　施設設置許可等申請における当講習会受講の必要性については、担当自治体にご相談の上決定ください。

出典：一般財団法人 日本環境衛生センター
廃棄物処理施設技術管理者講習募集要項

⑪

資

格

## 第11章　資格

### 1　技術管理者

(1) 廃棄物処理施設には技術管理者を置かなければならない。→ただしすべての施設ではない。

　　ア　一般廃棄物処理施設技術管理者
　　　　一般廃棄物処理施設のうち第8条で規定される許可（届出）の要る施設
　　イ　産業廃棄物処理施設技術管理者
　　　　産業廃棄物処理施設のうち第15条で規定される許可の要る施設
　　ウ　例外…処理能力が500人分以下のし尿処理施設

(2) 技術管理者の選任義務はあるのに、届出義務は無い。

(3) 技術管理者の責任は大きい。

(4) 技術管理者は専従

### 2　特別管理産業廃棄物管理責任者（特管産廃管理責任者）

(1) 資格要件は感染性産廃を生じる事業所とそれ以外の特管産廃排出事業場で異なる。

　　感染性産業廃棄物…医師、看護士等は講習会や実務経験は無くともよい。
　　感染性以外の特管産廃排出事業所…学歴と経験年数

(2) 資格者を置かなければならないのに届出義務が無い。

### 3　その他の資格等

(1) 環境衛生指導員…行政において立入検査など行う資格

(2) 講習会修了者…産廃処理業の許可の要件（的確に行うに足りる知識及び技能）

(3) 廃棄物処理責任者…15条許可施設設置事業者（資格ではなく要件は無い）

### 4　実務経験が重視されることについて

　　・実務経験偏重は、新しい技術や知識が入りづらい。
　　・技術や知識を客観的に判断しにくい
　　・実務経験が無くても挑戦できる国家資格があってもいい

### 5　資格の多くは幹部の人だけが取得している現状

　　実務者こそ一定の知識と技術が必要

＜関係条文＞
法第8条（一般廃棄物処理施設の許可）
法第9条の3（市町村の設置に係る一般廃棄物処理施設の届出）
法第12条の2各項及びこれを受けた政省令（特別管理産業廃棄物管理責任者）
法第15条（産業廃棄物処理施設の許可）
法第21条及び政令第23条及び省令第17条　（技術管理者）

# 第12章

## 廃棄物処理業界からの暴力団排除

〔みなっち〕　今日は、ちょっと真面目なお話。

　日本弁護士会連合会では、民事介入暴力の排除に力を入れているってお聞きしたんだけど、廃棄物関係でもいろんな活動をなさっているって。今回、BUNさんが弁護士会主催の「民事介入暴力対策大会」っていうのに参加したってことなんで、その状況などを聞いてみましょう。

## 1　なぜ暴力団排除条項？

　まず、根本的な話なんだけど、なぜ、廃棄物処理法には暴力団排除条項があるの？あって当然って気はするんだけど、逆に言えば廃棄物処理法だけじゃなく、あらゆる法律にあってもいいんじゃないかと思うんだけど。

〔BUNさん〕　この問題はBUNさんも素人なんで、今回はほんと勉強になりました。真理はわかっていないかもしれないんだけど、大会に参加した感想を中心に話してみるね。

　まず、みなっちの疑問なんだけど、こんなことは、BUNさん気づきもしなかったけど、法律屋さんはまずこういうところから入るんですねぇ。

　暴力団が社会の悪だってことはみんな認めているし、だからこそ暴力団対策法って法律まで制定されている。しかし、考えて見ると、だったらあらゆる業種から暴力団を排除すればいいんじゃないか。

　廃棄物処理法では、平成12年の改正で暴力団員であることが許可を取得する際の欠格要件として追加されている。平たく言えば、暴力団員だってことだけで、もう産業廃棄物処理業の資格は無いってことになる。だから、暴力団は産廃処理業の許可を取ることができない。

〔みなっち〕　賛成！！暴力団は社会の悪なんですもの、社会として締め出すべきよ。それ

がなんか問題があるの？

〔BUNさん〕　みなっちも小学校、中学校で日本国憲法っていうの習ったでしょ。

〔みなっち〕　習うには習ったけど、9条の戦争放棄と基本的人権の保護位しか覚えてないなぁ。

〔BUNさん〕　今回は、それで十分。今回の問題はその基本的人権のうちの「職業選択の自由」ってことに関わってくるらしい。つまり、産廃処理業から暴力団を締め出すこのことは、職業選択の自由を定めて、何人も法の下では平等で差別されることはあってはいけないとする憲法に違反することではないのか？いわゆる違憲立法ではないのか？

　という非常に難しく、廃棄物処理法を現場で預かる者にとってはあまり直接的には関係しないような理念の論争。

　まぁ、いろんな理論武装を聞かせていただいたんですけど、どうもBUNさんには理解できない理論展開だった。(これについては、この分野の専門家の先生からの解説を104ページから掲載しました。)

〔みなっち〕　確かに、「なんで廃棄物処理法にだけ暴力団排除条項が有って、食品衛生法や理容、美容師法、旅館業法では制定できないのか？暴力団を排除するにはあらゆる法律で規定すればいいのに？廃棄物処理法でできて他の法律ではできないのはなぜか？」ってことは考えさせられることではありますねぇ。

〔BUNさん〕　解説できなくて申し訳無い。ちなみに、現在、暴力団排除条項があるのは貸し金業、NPO法等の数法だそうです。

〔みなっち〕　しょうがないわねぇ。じゃ、この違憲立法の問題がクリアーされたとして、次のステップは「それでは、折角規定した廃棄物処理法での暴力団排除条項は効率よく機能しているか」ってあたりはどうかしら。

## 2　暴力団排除と個人情報の保護

〔BUNさん〕　まず、その実際のシステムについて紹介するね。

　廃棄物処理法の第23条の3には「許可等に関する意見聴取」について規定していて、「知事は、処理業の許可をする時は、警視総監又は道府県警察本部長の意見を聴くものとする。」って書いてある。この条文に従って、許可する時は行政側からは「この許可申請のあった会社（法人）と会社の役員は暴力団であったり前科がある者ではないですか？」と警察に照会する。すると警察からは「現時点ではこの法人及び法人の役員は該当しない」や「該当する」って回答がくる。

　今回の大会まで恥ずかしながらBUNさんも知らなかったんだけど、この照会・回答に関して警察側でも通知を出している。趣旨としては次のようなこと。

　「暴力団に関する情報の提供は暴力団排除の観点から必要なことである。特に廃棄物処理法等の法律で規定されている照会に関しては積極的に行うものではあるが、個人情報の

保護には配慮しなくてはならない。」と言った内容。

　すなわち、警察側でも暴力団排除という社会のニーズと個人情報の保護という基本的人権は守らなくてはならないという、2つの観点でなかなか苦労している様子なんだなぁ。

〔みなっち〕　ふ～ん、暴力団排除は社会の要請であり、法律にも規定されたことでもあるのに、現実にはさらなる問題があるってことね。この問題が「個人情報の保護」っていう、またまた基本的人権に関わることなのねぇ。難しいもんなのねぇ。

〔BUNさん〕　うん、だから、警察からの照会回答も「Aなる人物は暴力団である。」のような回答はしてこない。「A法人には暴力団員である役員がいる。」というように、具体的にどの人物が暴力団員なのかはぼかしたような回答になっている。

　しかし、ここで問題となるのが個人営業。個人営業の場合は当然回答はその個人が回答の対象となることから、暴力団員が特定される。もっとも、情報公開の規定でも「個人営業の場合の個人は、法人と同等の扱い」のようにしていたような気もするからやむを得ないのかもね。

　この照会・回答制度なんだけど、以上のような個人情報の保護に配慮したのかどうかなんですけど、次のような穴がある。

　照会回答を規定した法の第23条の3には「許可」の条文しか規定していない。すなわち、「変更届」は対象外。変更届として「役員の変更」がある。許可の時点ではA、B、Cなる人物が役員であったけど、その後Dなる人物が役員として追加したって時。

　したがって、許可の時点で役員であったA、B、Cは照会し暴力団員かどうか確認できるけど、Dはチェックを受けずに役員にもぐりこめる。これは法の欠缺（けんけつ、落ち度ってこと）ではないか？って議論。

〔みなっち〕　なるほどねぇ。じゃ、変更届もこれに追加すればいいことじゃないの？

〔BUNさん〕　ん～、でも、よく考えるとこの事項はわざと規定しなかった可能性もあるなぁって思う。前述のとおり、許可の時点と異なり、役員の変更は1人だけの変更ってこともよくある。すると、照会した場合は、その役員の個人情報そのものになってしまう。

　それに現実問題として、暴力団員が正式な法人登記簿にあらわれる役員になっている必要がはたしてあるのか？もし、役員になっていることが判明すれば、その法人は欠格要件となり許可が取消される。表に現れずに隠然たる力を示した方がはるかに賢いやり方ではないか。

〔みなっち〕　それもそうね。そもそも、暴力団は非合法な組織であり、ルールを守らないことが暴力団たるところなんだから、典型的な法定事項である「登記」なんてことにこだわる意味があるのかって気はするわね。

〔BUNさん〕　いずれにしても、5年に1回の更新許可の段階ではスクリーニング、チェックを受けることになる訳であるから、登記簿に登載されている表面上の役員について、今以上に事務量を増やす必要があるのかどうかは疑問がある。

〔みなっち〕 じゃ、次なる問題はなに？

## 3 黒幕規定

〔BUNさん〕 登記簿上の役員とはならず、「表に現れずに隠然たる力を示す」ことをいかにして防止することができるかってことになるかな。

　実は、この状態も廃棄物処理法では規定している。第14条第5項第2号へでは「法人で暴力団員等がその事業活動を支配するもの」との規定が有り、これを「黒幕規定」と呼んでいる。

　ところが、この「事業活動を支配するもの」の運用は実に難しい。「事業活動を支配するもの」って、法人の役員以外では、具体的にどういう状況があると思いますか？

〔みなっち〕 ん〜、難しいわね。みなっち家では世帯主は亭主でも実質上の支配者はみなっちな訳だけど、…。法人の場合はどんなケースが考えられるかしら。

〔BUNさん〕 実は、数は少ないんですが、実例がある。

　実例というのは、それを理由に許可を取消しているって事例だね。中には「暴力団の影響があると疑うに足る事由が有る。」のように、表面上はなんだかわからないものもあるんだけど、具体的に「代表取締役の夫が暴力団員である。」のような理由で取消しているのがある。

　しかし、これは建て前上は難しいよね。奥さんを顔にして牛耳っている、の状態を取消しの理由として、しかも、その状態をして「事業活動を支配するもの」って位置付けなくちゃなんない。これとて、正式に籍に入っているから曲がりなりにも理屈付けられたかもしれないけど、愛人だったらどうするの？ってことになる。

　まぁ、とにかく暴力団に世の中のルールを適用すること自体が意味があるのかってことは、大前提である訳だけど、それを言っちゃ進まないから「それでも、できる限りの手段で対抗しよう」ってことしかない。

## 4 事業活動を支配するもの

〔みなっち〕 そうねぇ。「事業活動を支配するもの」って状況はどんなことがあるの？

〔BUNさん〕 株式会社なら、株主はなんらかの影響力は持つんじゃないかってことが思い浮かぶよね。

　廃棄物処理法では、許可申請する時は株所有5/100以上の者は届出なくてはならないと規定している。ところが、この「株所有5/100以上」という根拠が明確ではない。

　今回の「民暴大会」での弁護士さんによる研究発表では、「1株でも影響力有りとして許可取消しの対象としてはいかがか」との提案がなされた。で、その前に「株所有5/100以上」の妥当性が議論された。この議論もよく理解できなかったんだけど、「民暴大会」での弁護士さんの研究では、3/100で得る小株主の権利、1株株主の権利とかいろいろ研究してい

た。

　話は戻りますが、5％以上にしても弁護士提案の1株でも次のような問題が出てくる。

　1株でも暴力団に買われてしまったら、その段階で会社が許可取消しになってしまうのかってこと。今まで大切に育ててきた自分の会社が、1株でも暴力団に買われてしまったら、許可取消しになってしまう、そんなことがあったらたまったもんじゃない。

　現実的な事務としても、株式を公開している会社なら毎日毎日刻一刻と株主は変わる。

　その変わる株主を常に把握していることなんて不可能だし、今の規定にしたところで「5％以上の株主」になったとたんに、変更届を提出するなんてことは不可能。

〔みなっち〕　そうねぇ。株式会社において株主はなんらかの力はあるだろうって推察はできるけど、一方で、一部の株主が悪いからと言って、即その会社の許可を取り消しちゃうってことも考え物よねぇ。

〔BUNさん〕　まぁ、こんなことも考慮したんでしょうけど環境省から出された「行政処分指針」の中でも、「5％以上の株主は事業活動に十分に影響する力を有することとなると思われることから、個別に判断する必要がある。」的な表現としている。

　弁護士会でも、株式の公開会社と閉鎖会社（この言葉も今回初めて知りました。倒産して閉鎖した会社って意味ではありません。株式公開会社に対応する言葉です。よく、会社の定款で「株を譲渡する場合は役員会の議を経るものとする。」的な規定をしている場合ありますよね。大抵の有限会社や小さな株式会社なんかはこういう規定がある。こういった会社を「閉鎖会社」と呼ぶようです。）や、株数等によってもランク分けすべきでないか、という提案もされています。

〔みなっち〕　じゃ、次のステップとしては、「このようにいろんな「事業活動を支配するもの」って状態はありうるが、これらに対抗する手段はないのか」ってことになるんじゃない？

## 5　情報公開は対抗手段になる？

〔BUNさん〕　そうそう、さすが察しがいいねぇ。で、その対抗手段なんだけど、情報公開は一つの手段にはならないのかってことが議論されたよ。

　まぁ、建前上「法人の役員」や「5％以上の株主」は形式的にスクリーニングすることはできる。しかし、その網から漏れてしまうような形態も排除することができる手法はないのか？情報公開はその手法となりえないのか？ってこと。

　暴力団はそもそも社会の規範を遵守しない存在なだけに、法律というルールだけでは押さえることができない。すなわち、「法人の役員」や「5％以上の株主」というルール上の権限をもって表に現れるとは限らない。そこで、暴力団に限らず、不良業者を排除する手段として、実質的排除効果としての情報の公開はいかがなものだろうか？ってこと。

〔みなっち〕　へぇ〜、法律でしばれないなら、実際的に制裁効果のある「情報」って搦手

からはどうだろうってことね。面白いわね。

〔BUNさん〕　情報の公開にはネガティブ情報とポジティブ情報とがある。ネガティブ情報としては「許可の取消し」や「措置命令」「改善命令」さらに「行政指導の状況」などがある。「この業者は許可の取消しを受けました」って新聞やテレビで大々的に報道しているのは論外としても、普通の排出事業者ならば「この業者には現在指導を行っています。」なんて出したら、許可はもってたとしても、また、いくら処理料金が安いとしても処理を委託する者はまずいない。仕事がなくなれば、自然と廃業となり、この業界から排除することができる。

　しかし、この例でもわかるとおり、「許可の取消し」を行ったのなら排除は当然のことながら、そこまでいっていない業者の生殺与奪権まで行政が握っていていいのかってことが出てくる。当然、法によらない「制裁」は、法律違反であり、ネガティブ情報の公開は常にこの問題がついてまわる。

〔みなっち〕　そうねぇ。私は廃棄物処理法は担当したことないけど、実際問題としても、一口に「行政指導」といってもすごい幅があることは、監視員のみなさんならご存じのとおりよね。

〔BUNさん〕　廃棄物処理法の一例で示せば、100㎡の保管が認められている業者が110㎡保管していた場合の行政指導と、2000㎡も保管していた場合の行政指導では、ランクが違う。

〔みなっち〕　じゃ、ポジティブ情報、つまり、「ここは優良な業者さんよ」って情報を知らせてあげるっていうのはどうなの？

〔BUNさん〕　ポジティブ情報の公開であればいいのかってことになると、実際問題としてこれも難しい。

　ポジティブ情報の典型的な例としては、「優良業者」を表彰して、大々的にマスコミに出してもらうなんてことがある。しかし、表彰なんてことになれば、自ずと数は限られてくるし、それは過去の業績や業界内での貢献などが配慮されていることであり、排出事業者が安心して委託できるという観点とはちょっと違うものではないかってことが出てくる。

　それでは、排出事業者が選択できるほどの数がある「優良業者」ってことになれば、相当の数が必要になる。そうなると、今度は「優良業者」に名前を連ねていない業者は「悪徳業者」かってことになり、ポジティブ情報の公開は、すなわちネガティブ業者の公開と同じという面が出てきてしまう。

〔みなっち〕　なるほどねぇ。ポジティブ情報の公開の裏返しはネガティブ情報の公開ってことかぁ。

〔BUNさん〕　また、「優良業者」の判定にあたってどのような条件を設定するのかっていうのも難しいねぇ。

　もし、「経営状態」とか「資本金」とかいう要因が入るのであれば、自ずと中小零細業

者は不利になる。不良業者の排除が結果として弱小業者の排除になってしまうのではないか。そのような、強者育成のようなことに行政が関与してよいのかってことになる。

〔みなっち〕　難しいのねぇ。じゃ、この方法もだめってこと？

## 6　業者の格付けを行うといっても

〔BUNさん〕　ただ、環境省も平成14年に「業者の格付け」という考え方を示しているし、岩手県では条例を既に制定した。恐らく、今後はこの方向に進むことにはなるんだろうなぁとは思うけどね。

> 「格付け」とは意味あいが異なるが、これ以降紆余曲折の結果、平成17年4月から「優良性評価制度」がスタートし、22年改正により充実化が図られている。

また、行政自らが可能な情報の公開というのは限度があると感じる。そもそも、自分で許可している業者をさらにランク分けするとこに、個人的には疑問を覚えるんだなぁ。

〔みなっち〕　じゃぁさぁ、保険会社や国債などを格付けしているように、行政以外の組織による情報の公開や格付けっていうことはできないのかなぁ。

民間調査機関とか公益法人とかが、独自にその許可業者の財務諸表とか過去の業績、行政による指導経緯などを調査して、ランク付けを行う。排出事業者はその情報をもとに優良業者を選択して、委託契約を締結すればいいし、そうすることによって「優良業者」でない業者は自然淘汰される。これっていい考えなんじゃない。

〔BUNさん〕　ところが、この方法にも弊害がある。それは、この格付け会社が公平で信頼性があるのかってこと。今回の大会でも、「行政にかわってNPOがこの格付けを公表できないか」ってことが検討された。

しかし、実際にNPO自体、非常に悪徳な団体が存在していて、暴力団やえせ右翼などが運営している団体があるらしいんだよ。「環境○○」とか「地球防衛軍○○」とか称して「地球を守ろうとして活動している者です。あなたの会社は不適正な廃棄物の処理、不法投棄してますよね。うちの団体に加盟していただき会費を納めていただければ、適正な処理の方法を教えましょう。処理しないなら、それなりの機関に情報を提供します。」等々の活動をしていらっしゃるところもあるやに聞く。

このような団体が格付け会社となれば、当然申請料を多く出した業者の方がランクは高くなる。さらに、NPOがやったからといって、先程提示した行政で格付けする時の弊害が解決された訳ではない。

〔みなっち〕　なるほどねぇ、情報の公開という手法は、暴力団の排除という観点からも、相当の可能性を秘めた手法ではあるけれど、まだまだ整理しなければならない要因が多々あるみたいねぇ。

## 7　まとめ

〔BUNさん〕　結論は出ないけど、今回の大会のおさらいをしておきましょうかねぇ。

(1)「暴力団排除条項」は違憲立法ではないか、

(2) 現在の廃棄物処理法における「暴力団排除条項」には「法の欠缺」はないか、

(3) 廃棄物処理法には「事業活動を支配するもの」（黒幕規定）があるが、黒幕に該当する存在とはどのようなものか、

(4) (3)の運用は建前上「法人の役員」や「5％以上の株主」である。これらの存在は形式的にスクリーニングすることはできる。しかし、その網から漏れてしまうような形態も排除することができる手法はないのか？

(5) 情報公開はその手法となりえないのか？

ってこと。今回の大会は本当に勉強になったなぁ。

〔みなっち〕　なかなか盛りだくさんだったのねぇ。廃棄物処理法担当していないみなっちには理解できないこともあったけど、考え方なんかは参考になることも多かった。みなさんはどうでしたか？

　民事介入暴力対策に力を入れていらっしゃる遠藤弁護士さんのお話もいただいたので、読んでみてくださいね。(^_^)/~

---

　　この「廃棄物処理業界からの暴力団排除」の章は、遠藤弁護士の論文があることから、その後の法令改正による条項ずれ以外は修正をしていません。BUNさんの話にも出てきました「ポジティブ情報の公開」については、本文囲み枠のとおり、平成17年の廃棄物処理法改正により、法制度の中に「優良認定業者」の形で実現化し、平成22年の法改正では、さらにそれを発展させてきています。また、欠格要件による許可取消等の制度も改正が行われてきています。

---

## 【参考資料】

# 「ゴミ問題からの暴力団の排除」

弁護士　遠藤　凉一

1　平成15年6月6日、山形市において、日本弁護士連合会、山形県弁護士会、東北弁護士会連合会、山形県警察、財団法人山形県暴力追放運動推進センターが主催して、第60回民事介入暴力対策山形大会（「民暴大会」）及び第11回山形県暴力追放県民大会が開催された。

　民暴大会は、各地の弁護士会が輪番制で担当して、年に2～3回開催され、午前中に行われる協議会では種々の暴力団対策が論じられる。山形大会の協議会で

は「廃棄物処理業からの暴力団関連企業の排除」というテーマで、廃棄物処理法の暴排条項の解釈と不法投棄について論じたが、本稿も廃棄物行政の現場を知らない者の机上空論にすぎないと思われる向きもあると思われる。ご批判を頂きたい。

## 2

各地の民暴大会において論じられてきた最大のポイントは、暴力団の資金源をいかにして断つかということである。個々の暴力団員に刑事罰を科したとしても「とかげの尻尾切り」にしかならず、その背後にある組織を壊滅させない限り暴力団はこの世からなくならないのである。暴力団を壊滅させる最も有効な手段の一つが「資金源を断つ」ということである。

山形大会では、我々の日常生活に最も密接な関係を有する「ゴミ」をも利用して活動資金を得ようとする暴力団をいかに排除するかという観点から、1つは、廃棄物処理法（以下「法」という。）に規定してある暴排条項を適用して、暴力団関連企業を廃棄物処理の世界から排除することであり、2つには、ブラックマネーを生み出すとされる不法投棄について論ずることとしたのである。

ここでは、紙面の関係上、前者について、論じるものである。

## 3

平成12年の改正法によって廃棄物処理業から暴力団を排除するための支配条項や黒幕条項といわれる規定（法7条5項4号ニかっこ書き、法14条5項2号ヘ）が加えられた。

しかし、暴力団に処理業の許可を与えないということは、暴力団という属性に基づいて他と異なった扱いをすることを意味し、憲法14条の法の下の平等原則に違反しないのであろうか。

つまり、処理業の許可を得た暴力団員が不適正処理や不法投棄をやったために許可を取り消すなどの制裁を加えることは理解できるが、何ら不正な行為をやっていない段階で、暴力団員というだけで許可を与えないということが許されるのであろうか、ということである。

人には性別、年齢、職業等または人と人との特別な関係などにおいて差異があるが、憲法14条の「平等」とは、これらの差異を無視して平等に取り扱う（絶対的平等といわれる）ということを意味するのではなく、これらの差異があることを前提に、同一の事情と条件の下では均等に取り扱うという「相対的平等」を意味する。とすれば、法律上取り扱いに差異が設けられる事項（例えば税率、刑罰）と人の事実的、実質的な差異（例えば貧富の差、犯人の性格の違い）との関係が社会通念から見て合理的である限り、その法上の取り扱いの違い（合理的区別という）は、平等原則に反しないことになり、その合理性は立法目的とその目的を達成するための手段の双方について検討されなければならない（有斐閣発行、芦部信幸著、憲法学Ⅲ人権各論(1)）。

暴力団を廃棄物処理業から排除する理由としては、不当な処理による環境破壊を防止すること、逆に暴力団を排除することによって適正な（法に則った）処理

を確保すること、暴力団の資金源を根絶することすること、公正な競争を確保すること等が挙げられるが、これらはいずれも正当なものであり、これらを目的とした法の合理性が認められる。

また、これらの目的を達成するためには暴力団に許可を与えないこと（業への参入規制）が必要であることは言うまでもないことであるから、この規制の仕方は規制目的と合理的関連性を有していると言えるのである。

以上のことから、法の規定する暴力団排除条項は憲法14条に違反しないということができる。

4　次に、更に進んで、暴力団だけではなく、その人的構成において暴力団と同一視できる場合や暴力団に経営を支配されている場合、更には暴力団に利益提供をしている場合などのいわゆる「暴力団関連企業の排除」までをも正当化することができるかが問題となる。

前二者は、いわば暴力団そのもの、或いは暴力団の意に添った形での経営方針をとり不法投棄や不適正処理を行うおそれが認められること、暴力団に利益提供している場合は、暴力団の反社会的行為を助長するものであり、それ自体反社会的行為であり、自らの利益のために暴力団を利用しているものと言えるのであって、いずれも排除の正当性が認められる

のである。

5　以上のように、法に規定する黒幕条項が合憲であるとしても、実際に行政に対して法に規定する許可を求めてくるのは、暴力団員よりも、暴力団関連企業の方がはるかに多いのであるが、これと許可行政とのかかわりが、いわゆる「行政対象暴力」（行政機関に対して有利な扱いを得るために、暴力団の威力を示して暴力的言動により不当な要求を行うこと）を構成する面を看過することができないのである。

平成13年に、栃木県鹿沼市において、環境対策幹部が業者を指導した際に1時間にわたって抗議を受けるトラブルがおき、その数年後にこの幹部が営利目的略取の被害にあって殺害された事件が記憶に新しいところである。

このような行政対象暴力によって、公平・適正に執行されるべき行政が歪められてはならないし、住民が納めた税金等も本来公平なサービスのために使わなければならないのである。このことは、「法の支配」（行政は「法」のみに従って執行されなければならないという原則）の観点から言っても当然のことであり、近時の経済不況を背景に、廃棄物処理に係る許可行政だけでなく、あらゆる許認可行政に対する行政対象暴力の事例が報告されており、その根絶のために国を挙げて取り組まなければならないのである。

（生活と環境　平成15年10月号　掲載から）
（改訂時に法令改正による条項ずれを修正）

# 第 13 章

## 廃棄物の全体像

## 1　廃棄物は日本全国でどのくらいあるの？

〔みなっち〕　「どうなってるの？廃棄物処理法」と言うことで、進めてきたシリーズだけど、今回はどういう話？

〔BUNさん〕　今日は、ちょっと主題からははずれちゃうかと思うんだけど、これを頭の中に入れておかないと、廃棄物処理法そのものを見失うって話題をしておきたいんだ。

〔みなっち〕　へぇ～、それはどんなこと？

〔BUNさん〕　みなっちは、廃棄物処理法って法律はなんのためにあると思う？

〔みなっち〕　そりゃ、廃棄物処理法の最初の方に規定している「目的」に書いてあるとおりなんじゃないの？

> (目的)
> 第一条　この法律は、廃棄物の排出を抑制し、及び廃棄物の適正な分別、保管、収集、運搬、再生、処分等の処理をし、並びに生活環境を清潔にすることにより、生活環境の保全及び公衆衛生の向上を図ることを目的とする。

〔BUNさん〕　そのとおりだね。この目的を達成するために、このシリーズでも、今までいろんな廃棄物処理法の規定を勉強してきた訳だ。

　じゃ、改めて聞くけど、日本全国で一年間に発生する廃棄物の量ってどの位あると思う？

〔みなっち〕　＼(◎o◎)／！そう来たか！！

　今まで、「産廃処理業の許可」とか「特別管理廃棄物」とか「マニフェスト」とか、一

つ一つの規定については、だいぶ勉強してきたと思ってたけど、そういった大きな視点の話はなかったわね。

〔BUNさん〕　うん、「土日で入門、廃棄物処理法」でもこういった大きな話はしていないしね。廃棄物処理法の具体的な業務を担当していると、日々の仕事では直接には必要の無いことだしね。でも、「処理業の許可」とか「マニフェスト」と言った一つ一つの規定も、なぜそんな規定が必要になったかと言えば、日本全国で廃棄物に関するいろんな問題が起きたからでもあるんだ。だから、ある程度、廃棄物処理法を勉強したら、こういった大きな視点のことも知識として頭の中に入れておくと、一つ一つの条文の規定も理解が深まると思う。そんな訳で、今日は法律の条文を離れて、廃棄物全体の話。

〔みなっち〕　うん、それも面白そうね。じゃ、まずさっきの話に戻り、「廃棄物は日本全国でどのくらいあるのか」から説明して。

〔BUNさん〕　国では毎年、調査しているんだけど、ここ数年は産業廃棄物は約4億トン、一般廃棄物はこの1/10の約4千万トンと覚えておけば、いいんじゃないかと思う。

〔みなっち〕　日本国民を1億人とすれば、国民一人当たりでは産廃4トン、一廃400キログラムってとこかな。まぁ、正確な人口は約1億2千万人だから、これよりちょっと少なくなると思うけど。

**全国一般廃棄物の処理フロー**

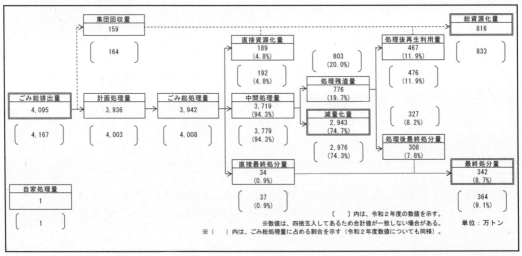

令和3年度調査結果を公表

**産業廃棄物の処理状況（令和3年度実績値）**

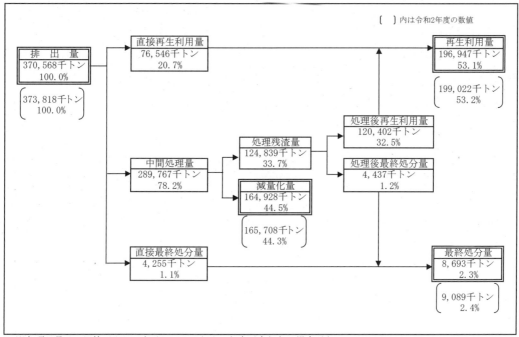

※各項目量は、四捨五入して表示しているため、収支が合わない場合がある。

## 2　必要とされる「正確さ」とは

〔BUNさん〕　いや、みなっちのその感覚は大切。よく、数字が出て来ると、何桁も具体的な数字が出ていないと満足しない人がいるけど、数字と言うものは「有効数字」って概念は絶対必要だし、そもそもの調査の対象とした現象をどこまで正確に捕らえているか、また、その結果となる数値をこれからどのように役立てていくかってことも考慮しなくちゃなんないね。

〔みなっち〕　それってどういうこと？

〔BUNさん〕　そうだなぁ、こんな例えはどうかな。例えば、靴の大きさを測る時に「25.5センチ」程度は表現するけど、「俺の靴は25.4853674センチじゃないとだめ」と言う人はいない。それは経験上「差し支えない」範囲だとほとんどの人はわかっているからだね。

　別の例としては、以前、学校で教える円周率は「3.14」としていたのが、「3」と教えることにしたことについて、世間から非難を浴びた。これは多くの人は円周率が「3」じゃ余りにも大まかすぎる、と感じたからだね。

　つまり、物事にはそれにふさわしい「正確さ」があるってことだね。だから、「産廃は約4億トン」って言ってる時に「それ正確なの？本当は3億9892万8617トンなんじゃないの？」と言ってみたところでしょうがないことなんだ。

〔みなっち〕　ふ〜ん、なるほどね。身近なものだとわかるけど、「日本全国の廃棄物」なんて言われると、どこまで正確に知っておくべきか、なんて検討もつかないなぁ。

〔BUNさん〕　そうだねぇ。実はBUNさんもわからないんだけど、今までの経験から言うと、「有効数字1桁とか2桁」程度の話のような感じがする。

　まぁ、なんでそんな風に感じているのかも含めて、説明していってみましょうかね。

### 3　分類、統計上の課題

〔BUNさん〕　まず、「分類、統計上の課題」がある。みなっちは「みなっち県で排出される廃プラスチックの量」ってわかってる？

〔みなっち〕　それってどういうこと？。今すぐはわからないけど、「廃プラスチック類」は産業廃棄物の1つの種類として規定されているんだから、県の統計資料には記載されているんじゃないの。

〔BUNさん〕　ところが、これは多分「わからない」と思うよ。廃棄物は廃棄物処理法により一般廃棄物と産業廃棄物に分類されるよね。このため、統計上も一般廃棄物と産業廃棄物の区分で行う場合がほとんどなんだ。この時、産業廃棄物は20種類に分類され、一般廃棄物は「ごみ」「粗大ごみ」「し尿」等の分類となる。

　例えば「紙くず」は産業廃棄物では「紙くず」との分類で表されるけど、一般廃棄物では「燃えるゴミ」の一部としてしか表われてこない。「廃プラスチック」などは市町村によっては「燃えるゴミ」、別の市町村では「埋立てゴミ」に分類するところもある。加えて近年は各種リサイクルルートに廻るものもあり、廃棄物としての「廃プラスチック」がどの程度あるか等の詳細はわからない状態なんだ。

　このため、廃棄物全体の流れが極めて見えにくいという点が出て来てしまう。国全体では、「生産量」、「輸入量」、「輸出量」を把握できるから、ある程度の「物質収支」は把握できるけど、都道府県レベルになるともう把握のしようがないってことになるね。

〔みなっち〕　ん？それちょっとわかりにくいな。具体的な数字を入れて説明して。

〔BUNさん〕　じゃ、BUNさんも正確なことは知らないので、数字はダミーを使うよ。

　例えばある年の日本全国のプラスチックの生産量が400万トン、輸入量が200万トン、輸出量が100万トンあったとするよね。これは最初は「有価物」だけど、いずれは「廃棄物」になる。こう考えればタイムラグはあるだろうけど、日本全国の年間の廃プラスチックの発生量は400＋200－100＝500万トンと推測できる。

　ところが都道府県レベルになると、国でいうところの「輸入量」「輸出量」がわからない。例えば、佐賀県でプラスチックを原料にしてボールペンを50トン作り、福岡県に10トン、山形県に2トン、東京都に7トン…出荷した。それを宮城県に住む人間が東京から1本、山形から2本買って来て、岩手に出張に行った時にインクが無くなって、ホテルのごみ箱に捨てた。こんな物質収支を把握できるはずがない。

　だから、廃棄物としての調査、統計はどうしても受け皿（処理施設）側の報告が中心になるんだけど、その受け皿側の集計の仕方が前述のとおり、産業廃棄物と一般廃棄物では

異なっているってことになる訳だ。

〔みなっち〕　ふぅ〜ん、なるほどね。大きな範囲でわかること、小さな範囲でわかること、長い時間の中でわかること、短い間隔でわかること等いろんなことがあるのね。

〔BUNさん〕　国の統計調査って言うと、都道府県から報告があったものの集計、都道府県は市町村から報告があったものの集計をして、積み上げた数字を使うって手法が多いと思うけど、廃棄物に関しては、この手法だけじゃ正確な数値はわからない、むしろ「国全体だからわかる」ってデータもあるってことだね。まぁ、これに関連してだけど、次の課題ね。

## 4　調査時期と調査手法の課題　その1「一般廃棄物」

〔BUNさん〕　一般廃棄物の処理は廃棄物処理法上、市町村の責務であり、実際にもそのほとんどの量が市町村（一部事務組合）の処理施設で行われてきている。このため、その処理量は毎年度、ほぼ確実な数字を把握することができる。

　ただし、前に話したとおり、分類は処理方法によるものがほとんどであり、個々の廃棄物の種類（例えば「紙くず」や「廃プラスチック」といった分類）ごとの数値は把握できていないってことだったね。

〔みなっち〕　「把握できていない」なんて言ってないで、把握すればいいだけのことなんじゃないの？

〔BUNさん〕　その点が最初に言った「なんのための調査か」ってことにつながる訳だ。例えば、家庭から出て来る「紙くず」「廃プラスチック」「生ゴミ」をまとめて焼却炉で焼却している市町村にとって、わざわざ「紙くず」30トン、「廃プラスチック」5トン、「生ゴミ」42トンとか分けて知っておく必要がある？

　もし、これから「生ゴミは堆肥化しよう。そのような施設を建設しよう。」なんていう時は知る必要があるかもしれないけど、「これらの一般廃棄物は全て焼却するために、ダイオキシン対策も万全の焼却炉を2年前に稼働させたばっかり」、なんていう市町村にとってみれば、「紙くず」「廃プラスチック」「生ゴミ」…のように、毎日分別して計量して、分類しておくなんてあまり意味が無いよね。

　そのような調査は「調査のための調査」であり、調査する人の興味のために余計な経費を使う訳にはいかないし、実際問題としては必要性のないものだよね。

　さらに、特にかつては一般廃棄物の調査の範疇に入っていた「物」が、近年、抜けてってしまっているようなんだ。

〔みなっち〕　それはなぁに？

〔BUNさん〕　一つは廉価での買い取り。昔は埋立地、焼却炉行きだった廃プラスチック類なんかが民間の手で買い取られていっている。

　さらに、各種リサイクル法の下での処理や、リサイクル法以外での民間処理ルート。

　もちろん、報告を求めれば、ある程度の把握は出来るけど、昔のように一般廃棄物と言

えば、全てが市町村が受け入れていた時代とは、調査の数値の精度が違ってきているだろうねぇ。

　しかし、結局、「そのデータや精度が必要なんだろうか？」って課題になってくるね。

〔みなっち〕　ん～、そうか。調べてわかってくると、ますます、知りたくなるけど、「知ってそれがどんな役に立つ？」って言われると、調査結果が活用されない調査に経費をかける訳にはいかないってことも理解できるわ。

## 5　調査時期と調査手法の課題　その2「産業廃棄物」

〔BUNさん〕　さて、次。産業廃棄物の処理は民間により行われており、排出者自らによる場合と処理業者（許可業者）による場合がある。許可業者による処理は、対象者が特定されることから報告を求めることにより把握できるけど、排出者自らによる処理、例えば生産工場における小規模な汚泥の脱水処理などは対象者が不特定多数となり個々には把握できない。って現状にある。このため、産業廃棄物に関しては「実態調査」を行い排出量、処理量等を把握しているんだけど、多くの県では、経費対効果の関係から、毎年は行わず、まぁだいたい5年毎に実施してきたんだ。

　最近、報告が法的に義務付けられている多量排出事業者実績報告や許可業者実績報告から推計する手法が研究されているけど、「実態調査」程の正確さはないとされている。

〔みなっち〕　ふ～ん、そうなんだ。さすがに、2030年の時に、2025年のデータじゃいかにも「古い」って感じはするわね。

〔BUNさん〕　と言うものの、統計、調査の宿命でいくら急いでも1年程度は遅れちゃう。今、国の公表は3年遅れなんだ。

　もし、「2025年度の実績」って言えば、2025年4月から2026年3月までに「処理した廃棄物」ってなるでしょ。そうなると、許可業者さんの場合は、3月31日に行った状況は5月末までに帳簿の整理がつけばいいことなんで、行政は報告を求めるとしても、ちょっと余裕を見て、例えば「6月末まで」とかになる訳だね。

　BUN県でさえ、許可業者さんの数は1500社ほどある。まぁ、中には期日まで報告してくれない業者さんもいる。こういった調査、統計はどうしても「遅い」ところに引っ張られるし集計してみると、縦と横の集計が合わない…とかやってるうちに瞬く間に数カ月が過ぎる…。国はそういった都道府県からの集計データを基に、独自の調査手法も加味して集計…公表となる時には既に2027年に入っている。「なんだ、2年も前のデータか」などと言われちゃう訳だね。

〔みなっち〕　ん～、しょうがない面もある気はするけど、なんかもうちょっとは改善の余地はあるかなって感じるなぁ。

〔BUNさん〕　でもね、廃棄物の実態は長年のうちにはリサイクルが進んだり、産業構造が変わったり、景気、不景気の影響を受けたりはするけど、全体的に見れば、毎年、毎年大

きく変化するものではないんだ。先に言ったけど「そんなに急いで調査結果知って、それでどうするの？」ってことはあるから、急ぐことによって得られるメリットやデメリットを考えてやる必要があるね。それにね、この廃棄物の量って言うのは、「真実の値」は「神のみぞ知る」の世界なんだ。

〔みなっち〕　それってどういうこと？

## 6　全体量の現状　その1「把握する段階が違えば」

### 産業廃棄物種類別排出量

| | 種 類 | 令和3年度 | 令和2年度 |
|---|---|---|---|
| 1 | 汚泥 | 約1億6,268万トン（43.9%） | 約1億6,365万トン（43.8%） |
| 2 | 動物のふん尿 | 約8,127万トン（21.9%） | 約8,186万トン（21.9%） |
| 3 | がれき類 | 約5,734万トン（15.5%） | 約5,971万トン（16.0%） |

※1　産業廃棄物の総排出量：約3億7千万トン（前年度も約3億7千万トン）
※2　上位3品目で総排出量の約8割（前年度と同様）

〔BUNさん〕　産業廃棄物で量的に多いベスト3は、これは長らく変わっていないんだけど、「汚泥」、「家畜ふん尿」、「がれき類」なんだ。この3品目で、確か全体量の8割以上を占めているんじゃなかったかなぁ。

　ただ、このベスト3に限ったことじゃないけど、「廃棄物量」は、どの段階で把握するかにより大きく異なってくる。例えば、普通の「汚泥」は脱水機に投入する前の、水分をだふだふに含んだ状態で「排出量」としているから、最終処分場や焼却施設に搬入になる量は「排出量」の1/10程度になる。

〔みなっち〕　ふ〜ん、同じ汚泥と言っても、脱水機に入れる前に「だふだふ」のいわば「みそ汁」の状態で投入するか、ある程度沈殿させて「カレー」の状態にしてから投入するかで、廃棄物の発生量が違ってきちゃうってことか。

〔BUNさん〕　一般廃棄物の「浄化槽汚泥」や「くみ取り便所の生屎尿」なんかは、市町村の「クリーンセンター」に集められる訳で、ここから「生物処理（活性汚泥法）」→「沈殿凝縮」→「上澄み放流、汚泥濃縮」→「汚泥脱水」→「脱水汚泥の焼却、埋立」のような処理ルートになる。

　前述のように産業廃棄物の汚泥、例えば下水道の汚泥は、脱水機に入れる直前で「廃棄物量」としているけど、「浄化槽汚泥」や「くみ取り便所の生屎尿」は「クリーンセンター」に搬入された量で「廃棄物量」としている。だから「浄化槽汚泥」や「くみ取り便所の生屎尿」は最終処分場や焼却施設に搬入になる量は「排出量」の1/25程度になる。

　一方、がれき類の代表である「コンクリート」なんかは、代表的な処理方法が破砕なんだけど、これは破砕機に入れる前と後での重量はほとんどかわらないってことになる。

13

廃棄物の全体像

〔みなっち〕ふ～ん、なるほどねぇ。その他に全体量として見る時に注意しなくちゃなんないことは？

## 7　全体量の現状　その2「中間処理はどの段階から有価物？」

〔BUNさん〕　廃棄物処理法そのものの根源的な課題だけど、「有価物」か「廃棄物」かってことかな。

　例えば、発生源の段階でも、発生源のAさんとしては「もう、うちの会社じゃいらないや。」と言っても、別のBさんは、「じゃ、それ＜売って＞ちょうだい。」って言う「物」なら、本来、廃棄物じゃないから「廃棄物の発生量」とはならないはずだよね。

　一例としては、金属加工業の製造過程から出る「鉄屑」なんかはこれにあたる。製品の鉄製品とは品質的にはなんにも変わっていない「鉄屑」だから、多くは「くず鉄屋」さんに「買い取って」もらえる。これは「廃棄物」じゃないからね。

　さらに、「廃棄物の処理フロー」ではいろんな「中間処理」が行われる。昔みたいに「中間処理」と言えば、「脱水」と「焼却」、出て来た「脱水汚泥」「灰」は埋立地行きっていうなら「処理フロー」も簡単だったけど、今はいろんな「リサイクル」と呼ばれる中間処理が行われるから、「どの段階から廃棄物でなくなった」とするのが妥当かとても難しい。

　例えば、建設リサイクル法の対象になってる「木屑」。これなんかは、今やその多くが「破砕」処理されて、チップにされる。このチップが売れれば明確に「廃棄物卒業」なんだろうけど、「逆有償」、つまり処理料金を徴収される形で、「木屑ボイラーの燃料」となった場合など、統計上はとても難しい。

〔みなっち〕　ん？そこちょっとわかりにくいな。また、数字や例え話で教えてちょ。

〔BUNさん〕　「がれき類」、まぁ、解体工事から出て来る「コンクリートがら」は今は径5センチ位に「破砕」されて、再生砕石や再生骨材として、下層路盤（舗装道路の下の部分）として再活用されているんだけど、これはコンクリートがらが100トン出てきたら、破砕して再生骨材になっても100トンあるし、それを下層路盤材料として再活用すれば100トン/100トンで、再生利用率100％となるよね。

　ところがさっきの木屑チップならどう考えたらいい？燃料として売れたのなら、再生利用率100％でいいかもしれないけど、「100トンの木屑が逆有償で「燃料」として利用されて、そこから「灰」が10トンが出てきました」なんて言う時は、再生利用率っていくらってしたら納得してもらえるかなぁ。

〔みなっち〕　サーマルリサイクルしているんだから、出て来た「灰」の量だけを差し引いて「90％の再生利用率」じゃだめなの？

〔BUNさん〕　でも、その考えを採用すると最近市町村でも導入して来ている「溶融炉」、ここから出て来る「溶融スラグ」の扱いがどうにも違和感がある。

〔みなっち〕　「溶融炉」って普通のごみ焼却炉は800度～900度位で焼却するのに、1200度

以上で焼却して、出て来る物が溶岩のようにどろどろしたものになるんでしょ。

〔BUNさん〕　そのとおり。勉強してるね。そしてその「どろどろ」したものが冷えて「溶融スラグ」となる。溶融スラグは表面がガラス状の皮膜でコーティングされたようになるので、安全性も高くて、「砂」の代替品として利用することができるんだ。

　と、なるとだよ。ごみが100トン発生しました。あるM町のごみ焼却炉に搬入されます。その焼却炉は「溶融炉」です。出て来る残渣物は5トンの「溶融スラグ」ですが、それは全て「再生砂」として再利用されました。

　この時、このM町の「ごみの再生利用率」は100％って表現していいかなぁ。

　それとも、100トンの廃棄物から5トンの有価物が生産されたと考えて、5/100＝5％。リサイクル率5％。と考えていいんだろうか？

〔みなっち〕　ん～、さすがに今までイメージしていた「再生利用率」「リサイクル率」「ゼロエミッション」とは、「ちょっと違う」って気もするなぁ。

## 8　全体量の現状　その3「要因も含めて活用統計調査」

〔BUNさん〕　廃棄物の統計、調査には、他にも「数字のマジック」みたいなことが結構あるんだ。「家畜のふん尿」のリサイクル率はとっても高いんだけど、この相当の部分が「牧野還元（ぼくやかんげん）」なんだ。

〔みなっち〕　その「牧野還元」ってなに？

〔BUNさん〕　牧草を育てるために野原に家畜の糞尿を肥やしとして撒くの。
まぁ、平成16年に「家畜糞尿処理適正化法」ができて改善はされてきているけど、一歩間違うと廃棄物の不法投棄じゃないかって面もあるし、逆に言えば「肥やし」として認知するなら、最初から廃棄物処理法の適用外として、統計に含めなくてもいいのではないかってこともある。

〔みなっち〕　はぁ～、なんかペテンにかけられているような気がしてきたわ。これじゃ、「廃棄物の全体像」なんて知ってもしょうがないんじゃない？

〔BUNさん〕　いやいや、そうじゃないんだよ。むしろ、「そういった要因を含んだ上の統計調査結果」ってことをわかったうえで活用することが大事なんだ。

　と言うのは、「これからの社会、どういった処理施設が必要なのか？」「それはどの位の規模が必要か？」「どの地域に必要か？」を知るためには欠かすことはできない調査である訳だし、冒頭に言ったとおり、社会のコンセンサスである「法律」の制定にあたっても、「今の日本の状況」を理解し、説明できないことには、新たな規制、新たなルールは作れないからね。

　ただ、何回も言うように、それが「必要」だからと言って、必要以上の精度の数字や早さは求める意味は無いってことを理解してもらいたいんだ。

〔みなっち〕　なるほどね。知らなければ全体を把握して大局には立てないし、知識も深ま

らない。でも、必要以上に細かいことを追い求めてもしょうがないってことね。

〔BUNさん〕　まぁ、こういった状況も踏まえて、廃棄物処理法上も一般廃棄物と産業廃棄物を別個に検討するよりも、総合的に検討するべきであるとの考えから、平成13年に改正が行われ、県に策定が義務付けられている計画が、「産業廃棄物処理計画」から、一般廃棄物も包含した「廃棄物処理計画」に改正されたりはしてきているんだ。

　また、調査の手法については、調査結果をどのように活用するかを見極めたうえで効率よく実施するってことが大切だね。最近は「5年に1度」のデータでは、いかにも古いとのイメージがあることから、実態調査と推計を組合わせ活用する手法が研究されてきてる。

　「廃棄物全体の把握にあたっては、個々の廃棄物の『評価の仕方』も承知しておく必要がある。」ということが大事だね。

　廃棄物の実態は全体的に見れば、毎年、毎年大きく変化するものではなく、また、全体の流れの極一部のフェイズにとらわれても、かえって全体を見失ってしまうことも認識したうえで、「日本全国における産業廃棄物の排出量は約4億t、一般廃棄物の排出量は約4千万tである。」って調査結果を上手に活用するべきだってことかな。

〔みなっち〕　「どうなってるの？廃棄物処理法」シリーズは、廃棄物処理法の重箱の隅をつついてきたような話が多かったけど、なんか、今日の話で今までの話も改めて読んでみると違う側面が見えてくるような気がしてきたわ。また、お話してちょうだいね。(^o^)/~~~

---

＜参考＞
環境省は毎年「産業廃棄物処理状況調査結果」「ごみ処理（一般廃棄物）状況調査結果」を公表しています。これは環境省のHPで見ることができます。概要は10分程度で読めると思いますから、これを見ながら、この章を改めて読んでいただければ理解は深まると思います。

# 廃棄物の全体像のおまけ

## 1．究極のリサイクル率

皆さんは「リサイクル率」とか「資源化率」とかいう言葉を聞いたことがありますよね。世の中、みんなリサイクル大好き人間。なんでも、かんでもリサイクル。

じゃ、産業廃棄物のリサイクル率ってどこまで上がると思いますか?

「えっ?＜率＞って言う位なんだから究極は100%じゃないの?」ってとこじゃないですか?

実は現在の技術、現在の定義、現在の計算式、現在の経費対効果からいうと100%は絶対に無理なんです。

「じゃ、99% ? 90% ?」

そういうレベルでもありません。

BUNさんの極めて大ざっぱな素人の試算では、精々60%程度じゃないかと思います。(これ以降文中に出てくる数値は概数です。全体の傾向がわかるように、枝葉、詳細な話は省略していますので、そのつもりで読んでください。)

## 2．産廃の現状

今現在（直近データは令和3年度速報値）で53.1％で、BUN県では61.0％です。

「BUN県はリサイクル率が高い、県民性が真面目で意識が高いから」

な〜んてね。実はこれも数字のマジックなんです。

本論に入る前に日本全体の産廃の状況を確認しておきましょうか。

全国の産業廃棄物の総排出量：約3億7,000万トン
（令和3年度実績、令和5年公表）

| | 種 類 | 令和3年度 | 令和2年度 |
|---|---|---|---|
| 1 | 汚泥 | 約1億6,268万トン（43.9%） | 約1億6,365万トン（43.8%） |
| 2 | 動物のふん尿 | 約8,127万トン（21.9%） | 約8,186万トン（21.9%） |
| 3 | がれき類 | 約5,734万トン（15.5%） | 約5,971万トン（16.0%） |

さて、本論に入りましょうかね。

こういったいろんな「？？？」の要因は「汚泥」「家畜糞尿」「溶融スラグ」によるところが大きいのです。

まず、リサイクル率、資源化率の計算式を確認しましょう。

資源化率＝（資源化量/排出量）×100
この「量」は原則的に重量で表す。

### ３．がれき類

近年、リサイクルの優等生となっているがれき類で見てみましょう。

「がれき類」の代表はビルを壊した時に出てくるコンクリート片やアスファルト片です。このがれき類は、破砕されて「再生骨材」として、砂利の代わりに土木資材として使われる。強度の関係があるがもう一度コンクリートに混ぜられて使われたり、舗装道路の下層に敷き詰められたりして使われます。

もし、30トンのがれきが発生して、それを破砕して、出てくる再生骨材はどの程度でしょう？

まあ、一部使えないものもあるかも知れませんけど、単に砕いて細かくして、使うんですから、ほとんどは使えるでしょう。

がれき類の資源化率＝30/30×100＝100％となります。

### ４．汚泥

いよいよ、問題の「汚泥」です。

有機性汚泥で考えてみましょう。下水道から出る汚泥を資源化しようとすれば、今、一般的に行われているのは「堆肥化」です。

汚泥の発生量は、「脱水」という中間処理が行われる前の量とされています。

この業界では「濃縮汚泥」、世間一般では「濃い、どろどろ。泥水。」と言ってもいいでしょうね。

この濃縮汚泥は水分を97％程度含んでいます。

そしてフィルタープレスや遠心脱水機等にかけて水と「脱水汚泥」に分離します。この脱水汚泥の水分はいろいろあるのですが、脱水効率や埋立基準を考えると「85％以下」にします。

（脱水汚泥を埋立処分する時の基準として、水分85％以下と定めていて、計算してみるとわかると思いますが、単に埋立を行うのであれば、これ以下の水分にしても体積はさほど変わりません。）

今回は計算し易いように、脱水汚泥の水分を70％としてみましょう。

水分97％汚泥が水分70％になると体積（まあ、重量でもほぼ同じです）は何分の1になるでしょうか？

（この計算の考え方は公害防止管理者や計量士、浄化槽管理士の試験にも出る基本的なものですから、知らない人は是非覚えましょう。）

これは「水分」よりも水分に含まれる「固形分」に注目するとわかりやすい。

「水分97%」ってことは、「固形分」は3%。

「水分70%」ってことは、「固形分」は30%。

水分97%の汚泥を脱水しても、固形分の量は変わらない。水はなくなっても。

100トンの「水分97%汚泥」があれば、「固形分」は3トン。

3トンの固形分が30%に相当する「汚泥」は、10トンですよね。

そうです。水分97%の汚泥を水分70%まで脱水すると、汚泥量は、10トンに減ってしまうんです。

この脱水汚泥を堆肥化します。堆肥化は発酵して高分子の有機物は低分子化します。その過程で細菌類が活躍します。好気性細菌は餌を食べて二酸化炭素を出します。嫌気性菌は餌を食べてメタンガス等を出します。いずれにしても「餌を食べます」。

「餌」ってなんでしょう?そうです。汚泥なんです。だから、汚泥は減って行きます。さらに、発酵する時に発酵熱が出ますから水分が蒸発していきます。

結局、原料としての脱水汚泥は、製品としての堆肥になるまで、1/5～1/10になってしまいます。

元々の汚泥の発生量、すなわち濃縮汚泥の量から見て行くと

濃縮汚泥100トン→脱水汚泥10トン→堆肥2トン　となってしまいます。

汚泥の資源化率＝2/100×100＝2%

となります。

このように、いかにも「リサイクル至上主義者」から見れば、心外に思えるような「成績の悪い」リサイクル率になってしまうのです。

## 5．溶融スラグ

これと同じようなことが、溶融スラグでも起きます。

溶融スラグは皆さんご存じだとは思いますが、燃える物はたいてい「溶融スラグ」になります。

廃棄物処理法では廃棄物の焼却炉の温度を800度以上としていますから、800度以上で燃やせば、まあ、「相当、完全　（?）燃焼」するでしょう。

溶融はこの温度を1200度～1500度位にするんです。

すると、鉄の溶鉱炉と同じように、灰が溶けて「とろとろ」の状態で流れ出てきます。普通はこの「とろとろ」を水に入れます。

すると、急激に冷やされることから粉々に砕けます。これを水砕スラグといい、砂の代わりに土木資材等として使うことができます。

溶融スラグは表面がガラス状物質で覆われるため、たとえ有害な金属が存在したとしても、溶け出さない状態になります。

この溶融スラグについて、木くずを燃やした時で考えてみましょう。

木くずを焼却すると発生する灰は未燃分が多い場合は1/10程度となります。この灰を溶融スラグにすると灰の1/10程度になります。

また、未燃分が少ない（完全燃焼に近い）場合は1/100程度となり、この灰を溶融スラグにしても重量的にはあまり変わりません。結局、どちらの場合も溶融スラグは燃やす前の1/100程度となります。

木くず（焼却対象物が何であっても、燃えるものなら、ほとんどの場合適用）100トン→溶融スラグ1t

溶融スラグにした時の資源化率＝1/100×100＝1％

## 6．家畜糞尿

「家畜糞尿」については、汚泥や溶融スラグとは全く違う面があります。

そもそも、ちょっと前（と言っても昭和40年頃までかなぁ。それでも、有史以来だから、この問題に関しては「ちょっと前」と言ってもいいかも。）までは、家畜の糞尿は貴重な「肥やし」でした。

人糞も江戸時代は多摩や市川からわざわざ江戸の長屋まで汲み取りに来て、代わりに大根や白菜をおいていったと言います。

現在でも多くが自然農法として堆肥として使用されています。

しかし、一部では使用しきれず垂れ流しにして水質汚濁防止法で捕まったりしています。

聞くところによると、牛の畜産農家は自分で牛の作物となるデットコーン畑などを持っていて、そこに施肥できるんだそうですけど、養豚の方は今は完全に市販の飼料なんだそうで、養豚農家は田圃や畑はもっていないんだそうですね。

そこで、現在の人間の屎尿と同じように浄化槽で処理するってことになるんだそうです。

しかし、浄化槽での処理は当然経費がかかることから、使いもしない牧草地に必要以上にばらまいたりして、廃棄物処理法違反ぎりぎりの行為が出てしまいます。

家畜の糞尿を牧草地に肥料として撒くことを、その筋では「牧野還元」と呼んでいます。（もちろん、「牧野還元」の多くが適正に実施されています。撒き過ぎを「過剰施肥」と言うらしいです。）

とりあえず「牧野還元」まで「資源化」と位置付けています。

廃棄物処理法の世界で考えると、家畜の糞尿の処理は「肥料」として、有価物として扱うなら最初から、「廃棄物の排出量」に入れなければいいものを、排出量には換算しながら、それを「牧野還元」する行為は「肥料として資源化された」として取扱っています。

他の分野ではあまり考えられないことです。

ただ、平成の中頃に家畜糞尿適正化法（通称）が成立したあたりを機に、「いくらなんでも、いつまでも家畜糞尿は100％使用されている、は無理があるだろう」って機運になってきました。

それ以前からも、廃棄物処理の分野では、他の産廃と同様に扱うと、発生量が多いにもかかわらず、通常の処理ルートには乗らないってこともあり、家畜糞尿を統計上、別扱いにしてきた経緯があります。

でも、国の発表も近年は家畜糞尿を入れて出すようになってきていますね。（前述資料参照）

すると、どうなるか。

家畜糞尿は実態はどうあれ、「ほぼ100％資源化」。

そして、家畜糞尿は絶対量が多いんです。

日本全国では産廃全体量の22％を占めています。

すなわち、家畜糞尿が多い県はリサイクル率が高いって現象が出てきます。

BUN県の家畜糞尿が産廃全体に占める割合は24％です。

これが、BUN県のリサイクル率が高い理由の一つなんです。

## 7．数字のマジック？

まぁ、ついでに、数字のマジックのもう一つは、前述の汚泥なんです。

有機性汚泥の代表は下水道汚泥。

下水道汚泥は産廃。でも、浄化槽汚泥やし尿処理施設から発生する汚泥は一般廃棄物。

下水道汚泥は前述のとおり、がれき類などの他の産廃に比較すると「リサイクル率」という点ではとても低くなってしまいます。

つまり、なんのことはない下水道の普及率が高ければ産廃のリサイクル率は悪くなるんです。

ちなみに、これは無機性汚泥も含みますが、日本全国では汚泥は産廃全体の44％です：

125

BUN県では31%です。

すなわち、産廃に関しては、畜産がさかんな所はリサイクル率が高く、下水道の普及率が高いところはリサイクル率が低くなります。

結論、田舎はリサイクル率が高く、都会はリサイクル率が低くなるという数字のマジックです。

なお、前述のとおり、家畜糞尿に関しても「いつまでも100％資源化」じゃ、まずいってことで、実態に近づけて、「豚の尿は処理して放流」と考えると、BUN県では家畜糞尿の資源化率は72％程度になるようです。

やってやれないことはないでしょうが、現状を考えると家畜糞尿の資源化率は当分85％程度に設定するのが、まぁ、妥当、と言ったところではないでしょうか。

今後、家畜糞尿の「適正な」堆肥化が進めば、有機性汚泥の堆肥化と同様に資源化率はかえって低下していくものと思われます。

## 8．ふさわしい指標は？

どうですか？皆さん。

なんか矛盾を感じませんか？

リサイクル、リサイクルと言っているのに、その全体の数字は、なんと畜産農家がいかに家畜の糞尿を肥やしにするかと、下水道の汚泥を量を減らさず堆肥化することに大きく左右される。リサイクルの最新技術のように言われる溶融スラグのリサイクル率はわずかに1％。

これじゃ、いくらいろんな業種でリサイクルに取組んでも張り合いがないですよね。

こんな「資源化率」って、指標としてふさわしくないって気がしません？

なんか、もっと私達の感覚に合致した指標が必要な気がしますよね。

それとも、リサイクルそのものが間違い？

それならBUNさんの以前からの持論と一致してうれしいんだけどね。

(^_^)/~~~

# BUNさんの愚痴

〔みなっち〕 BUNさん、「リサイクル」っていうと急に小難しい顔になっちゃうけど、もしかしたらリサイクルは嫌いなの？BUNさんが「これはいい」と言うリサイクルは、どんなリサイクルなんですか？

## 1 法を潜脱する目的のリサイクルなんて

〔BUNさん〕 ん～、痛いとこ突いてくるね。そうだねぇ～、世の中では「リサイクル、リサイクル」ってあんまり言うから、BUNさん天の邪鬼で嫌いになってるんかもしれない。

　今、思い返すと自分の気持ちの中で「そんな簡単にできるんだったらみんなやってるよ」って思いはあるね。それに、一昔程前からBUNさんの周りで行われる「リサイクル」って廃棄物処理法を潜脱する目的で行われる行為が多かったってこともあるかな。

　廃棄物処理法の規定があるにもかかわらず、それを逃れるがための便法で行うリサイクル。廃棄物焼却炉の設置許可を取りたくないがために「炭焼き窯」だとか「風呂の燃料」とかがんばるやつ。「汚泥」の埋め立て料金をけちるために「堆肥」と称してそのへんにばらまく奴。こんな輩が山ほどいました。

〔みなっち〕 あらら～、それじゃぁ確かに嫌いになりそう。でも、良心的にちゃんと取り組んでいる人達も大勢いるでしょう。嫌いな理由は他にもあるんじゃない？

〔BUNさん〕 そうだなぁ。あとは、新興宗教のようになってしまった「リサイクル」。

　その人の心の中では絶対的な行為となってしまっていて、他人の忠告など一切受け付けない。リサイクル至上主義。なんのためのリサイクルなのかってことが二の次三の次になってしまっている。以前ある偉い人が言った。

　「リサイクルを軌道に乗せるためには、安定して大量で安価な原料の供給体制が必要。」

　これじゃ、漫才で言う笑い話の「健康のためなら死んでもいい」ってフレーズと同じ。¬(´～｀;)「

〔みなっち〕 あはは～。(^O^)それってある意味リサイクルという事業の危うさのポイントをついてて面白いかも。

〔BUNさん〕 リサイクルは原料が廃棄物だからこそリサイクル。リサイクルの原料を「大量」にってことは、ごみを大量に出してってことだし「安価」って何円位を想定するのかって。そもそも、廃棄物なら処理料金を取れる物のはずじゃな

いですか。

　そしてこういう人って「リサイクル至上主義」だから、廃棄物処理法の規定そのものを覚えようとも従おうともしない。自分はいいことをしているって意識しかないから、ある意味「知っててやらない」悪徳業者よりたちが悪い。

　「やることはいいことだけど、廃棄物処理法上許可は必要ですから」と何回言っても「なんでいいことをするのに許可が必要なんだ」と主張する奴。

　おまえ、それ間違ってるよ。じゃ、許可が要る行為って「悪い行為」か？旅館や飲食店は悪い行為か？

　素人やちゃちな施設でやると危ないから許可制度をとってる訳だろ。

　けして旅館経営者が悪いことしている訳じゃない。

　「人を泊める時は旅館の許可とってください」と言われて「なんでいいことをするのに許可が必要なんだ」と主張する奴いるか？

〔みなっち〕　まぁまぁ、そう熱くならないで。わかったから、ちょっと冷静に教えてくださいな。

## 2　自然の摂理を考えると…LCA

〔BUNさん〕　現実に、昔から真面目に廃棄物処理法に取り組んできた許可業者さんはリサイクル分野にはあまり進出してきていない。

〔みなっち〕　それはどうしてなの？

〔BUNさん〕　法律の体系や今までのしがらみ、そして自然の摂理を考えると、成立するリサイクルってそうは多くないからじゃないかなぁ。だから、廃棄物処理法知ってたり、処理の現状や理屈を知っている人はリサイクルにはなかなか取り組まない。

〔みなっち〕　ふぅ～ん。

〔BUNさん〕　「自然の摂理」って言葉出したけど、まさにそれに反するような、それでいてやってる本人達は満足しているような「リサイクル」。こんなリサイクルは嫌いだな。

　「どうも、それって本道じゃないよね。」って言葉でBUNさんは今まで表していたんだけど、これって専門用語があるようなんですね。それがLCAって概念。

　LCAはライフ、サイクル、アセスメントの略で、「命のある限りの循環を考慮した評価」と言ったところでしょうか。

〔みなっち〕　BUNさんが今まで感じてた「どうも、それって本道じゃないよね。」をなにか例示してみて。

〔BUNさん〕　そうだなぁ。こんなのどうかなぁ。一昔位前、牛乳パックを使った手芸が流行り、それが「手芸」と言う観点じゃ無くて、「リサイクル」って観点で評価するような風潮があった。

　「ごみとして捨てられている牛乳パックにちょっとした手を加えることにより、ほぉらこんな素敵な筆立てが作れます。」みたいな。これはペットボトルを材料とする玩具ロケットや風車工作でも同じこと。牛乳パックは今は洗って返せば、もう一度再生パルプとなり再度牛乳パックやトイレットペーパーに代わって

いる。

　もし、筆立てを作ったとして、いったい世の中にどの程度の需要があるんだろうか？牛乳は、普通の家庭なら週に数パック程度の需要がある。じゃ、それを材料として作る筆立てがどの程度その人は使うつもりだろう。その筆立ての運命はどうなんだろう？

〔みなっち〕　そうね。LCAで考えると牛乳パックを洗って出すと再度牛乳パックやトイレットペーパーになるから、人間社会の中で循環（サイクル）できるわね。

〔BUNさん〕　いったんつまらない小細工をして手を加えてしまうことにより、その牛乳パックは「燃えるゴミ」としての運命しかなくなる。わざわざ金を出して材料を買ってきて筆立てを工作する代わりに、ただ（0円）の材料を使うという位置付けで「牛乳パック筆立て工作」をするなら何も言うことは無い。

　なんか社会に恩着せがましく、「リサイクル筆立て」などと主張することのおこがましさが大嫌い。まぁ、この位かな。

〔みなっち〕　わかった。じゃ、ちょっと整理してみるね。

　(1)「リサイクル」の美名にかくれて、廃棄物処理法違反の脱法行為を当初から目的としている行為が多い。

　(2)「リサイクル」を至上命題と定めて、自分だけの倫理観となってしまうがため、狭い視野となり、人の話を聞こうともしない。

　(3)自然の摂理に反する「リサイクル」も多い。リサイクルをすることによ

りかえってエネルギーを消費してしまう、かえって有害な物を作り出してしまう等。

　(4)「自然の摂理」まではいかなくても、需要と供給といった社会のルールを返り見ないリサイクルも多い。

### 3　これはいい！というリサイクルは

〔みなっち〕　じゃぁ、BUNさんのこれはいいと言うリサイクルは、これらに該当しない「リサイクル」ってことになるのね。

〔BUNさん〕　法律を遵守して、社会の多くの人達に「それ、いいことだよね。必要なことだよ。おれにもやらせてくれ。」って言われるような行為で、無理な行為になっていなくて、需要と供給のバランスがとれているから、商売としても儲かる、そんなリサイクルは「これはいいと言うリサイクル」ってことになる。

　マテリアルリサイクルならパーフェクトリサイクル、すなわちペットからペットを作る、牛乳パックから牛乳パックを作るようなリサイクル。

　それが無理ならカスケードリサイクル。まぁ、段々と品質は落ちる製品になっていくってやつだね。透明性の高いビニールハウスの廃棄ビニールを原料にして、床材のビニールタイルや自転車のサドルを作るなんていうのも需要と供給に注意して製品を作るならいいと思う。

〔みなっち〕　ほかには？

〔BUNさん〕　あとはサーマルリサイクル、これはちゃんとした焼却であるってことが前提なんだけど、せっかく発生する熱

量を発電やお湯として使うことはいいことだと思う。

〔みなっち〕 逆にやっちゃだめだと思うのは？

〔BUNさん〕 まぁ、廃棄物処理法に抵触する無許可で行うリサイクル事業なんていうのは論外だから、こっちにおいておいて。さっきの話と重複するけど、「今は売れるかもしれないけど、後々処理にかえって手間のかかるリサイクル製品」なんかなぁ。

〔みなっち〕 なんでこんな状況になっちゃったのかなぁ？

〔BUNさん〕 2000年に出された循環型社会形成基本法、これに廃棄物処理の順位が示された。みなさんご存じ、リデュース、リユース、リサイクル、その後に適正処理。この順位からいけば「適正処理」より、リサイクルの方が上に来る。「適正処理で終わるより、できるんだったらリサイクルの方がいいんでしょ。」そりゃそのとおりだよ。

でも、適正処理がなされることは最低条件、その条件を満たした上でリサイクルできるものはリサイクルしてよねって言うのが本来の趣旨でしょ。

〔みなっち〕 そりゃ、そうねぇ。黒い煙もくもく、汚水垂れ流し、臭いぷんぷんで「リサイクルしてるからいいんです。」とはならないわね。そんなことは改めて言うまでもないんじゃない？。

〔BUNさん〕 ところが、最近出版されている廃棄物関係の本、全部が全部と言っていい程、「リサイクル」。間違っても「適正処理」の本ではない。

〔みなっち〕 「適正処理」じゃ本は売れないでしょうからね。

〔BUNさん〕 それもある。でも、一番の理由は、本を書くって人は専門家だから、「適正処理してあたりまえ」とわかっているだけに、当然すぎて書かないと思うんだ。そして、その「リサイクル」の本が世の中に出回る。後からこの業界に入ってきた人、特に真面目な人ほど早く先発隊に追いつこうと勉強する。手っ取り早く追いつくには実務よりも本。一生懸命本を読んで勉強する。

その本の中には「廃棄物の処理の順位はリデュース、リユース、リサイクル、その後に適正処理。」そう書かれている。本で勉強しようって人は真面目である。素直である。

しかもその本はこの分野では「権威」と言われる人が書いている。間違っているはずがない。だからこう思っちゃう。

「そうかぁ、廃棄物の処理の順位はリデュース、リユース、リサイクル、その後に適正処理かぁ。」

しかもその本の中には、リサイクルについては書かれているが、適正処理については一言も書かれていない。

「現在リサイクルの大きな可能性を秘めている物の中の一つとしてバイオマスがある。また、プラスチックも油化することによりリサイクルすることができる。…」

そりゃ、できるだろ。いくらでも金かけて、人手をかければできないことなんてないって。

でも、適正処理については一言もかか

れていない。

リサイクルする時も悪臭を出してはいけません。汚水を垂れ流しながらやってはいけません。煙もくもくでやってはいけません。

なんで書かない。書く方は「あたりまえだ」と思っているから。

一方、読む方は初心者。

「適正処理が一番」とは書いていない。リサイクルだって3番目。適正処理はその下。じゃ、悪臭を出しても、汚水を垂れ流しても、煙もくもくでもリサイクルだったら許される、いや、奨励されてしかるべきものだ。

社会常識あれば「こんなこと」って思うでしょ。いくらかでも廃棄物処理法を学んだり、ちょっと前からこの分野にいる人はわかる。

でも、新しく入って来る、特に「真面目」な人はわからないんだねぇ。

もう、一から説明するのがめんどくさくなる。そして、「リサイクル大嫌い」となる訳さ。

〔みなっち〕 わかった、わかった。ふ〜っ。

〔BUNさん〕これから廃棄物業界に入る人達に言いたい。

「リサイクルは廃棄物の処理」。原料が

廃棄物だからこそリサイクル。

有価物だったら単なる加工業。

廃棄物の処理の大原則。「適正処理」。

廃棄物の処理をしてからリサイクルしろ。廃棄物の適正処理もできないやつはリサイクルなんかするな。

「適正処理」を知らない人物はリサイクルを（語る）騙るな。

「適正処理」から学べ。

ん？「リサイクルはいっぱい本があるのに適正処理は本が無い？」

あるでしょう。いい本が。「土日で入門、廃棄物処理法」たった1500円だよ。

是非、愛読書にして一家に一冊「土日で入門、廃棄物処理法」(*^o^*)

〔みなっち〕「リサイクル、目にはさやかにみえねども、嘘の多きにおどろかれぬる。」ってなところかしらね。最後はBUNさんの手前みそのコマーシャルになっちゃったけど、「リサイクルしたいけど、なかなか思うようには進まない」ってジレンマをしてBUNさんに「リサイクル大嫌い」と言わせているってことがよ〜くわかりました。

皆さんも、リサイクルに取り組むときは、「本当にこれって正しいこと？」ってことを考えて取り組んでくださいね(^o^)/~~~

131

著者紹介

長岡　文明（ながおか　ふみあき）

1955年12月山形県に生まれる
宇都宮大学大学院工学研究科環境化学専攻修士課程修了
山形県職員として長らく廃棄物処理法を担当
環境計量士／一般計量士／公害防止管理者（大気1種、水質1種、騒音、振動、ダイオキシン類）／危険物取扱者（甲種）／建築物環境衛生管理技術者／浄化槽管理士／宅地建物取引主任者／弓道4段

著　書

土日で入門、廃棄物処理法、(一財)日本環境衛生センター
いつ出来た？この制度、(一財)日本環境衛生センター
ここまでわかる！廃棄物処理法問題集、(一社)産業環境管理協会
廃棄物処理法の重要通知と法令対応、㈱クリエイト日報
対話で学ぶ廃棄物処理法、㈱クリエイト日報


この本は、以下の掲載に加筆したものと書き下ろしから編集しました。

第1章〜第9章　　　生活と環境　2004年10月号〜2005年9月号　12回連載　一部加筆
第12章　　　　　　生活と環境　2003年10月号　加筆
第10章、第11章、第13章、おまけ　書き下ろし

---

**どうなってるの？廃棄物処理法**

発　行　2005年12月10日　第1版
　　　　2012年 6月20日　第3版
　　　　2023年 3月31日　第3版2刷
　　　　2023年 6月 9日　第4版

著　者　長 岡 文 明

発行所　一般財団法人 日本環境衛生センター
　　　　〒210-0828　川崎市川崎区四谷上町10-6
　　　　TEL 044(288)4967　FAX 044(288)4952
　　　　ホームページアドレス https://www.jesc.or.jp/

印刷所　有限会社 協立印刷社

ISBN978-4-88893-164-9 C3032 ¥1800E